くもんの小学ドリル

がんばり3年生
学習記ろく表

名前

1 2 3 4 5 6 7 8

9 10 11 12 13 14 15 16

17 18 19 20 21 22 23 24

25 26 27 28 29 30 31 32

33 34 35

1さつぜんぶ終わったら、
ここに大きなシールを
はりましょう。

あなたは
「くもんの小学ドリル　算数　3年生わり算」を、
さいごまでやりとげました。
すばらしいです！
これからもがんばってください。

1 九九のふくしゅう(1)

月 日	名前	はじめ 時 分	おわり 時 分

1 計算をしましょう。 〔1もん 1点〕

① $2 \times 5 =$

② $3 \times 5 =$

③ $4 \times 5 =$

④ $5 \times 5 =$

⑤ $2 \times 6 =$

⑥ $3 \times 6 =$

⑦ $4 \times 6 =$

⑧ $5 \times 6 =$

⑨ $2 \times 7 =$

⑩ $3 \times 7 =$

⑪ $4 \times 7 =$

⑫ $5 \times 7 =$

⑬ $3 \times 1 =$

⑭ $3 \times 2 =$

⑮ $3 \times 3 =$

⑯ $3 \times 4 =$

⑰ $2 \times 1 =$

⑱ $2 \times 2 =$

⑲ $2 \times 3 =$

⑳ $2 \times 4 =$

㉑ $5 \times 1 =$

㉒ $5 \times 2 =$

㉓ $5 \times 3 =$

㉔ $5 \times 4 =$

㉕ $4 \times 1 =$

㉖ $4 \times 2 =$

㉗ $4 \times 3 =$

㉘ $4 \times 4 =$

㉙ $2 \times 8 =$

㉚ $2 \times 9 =$

㉛ $2 \times 0 =$

㉜ $4 \times 8 =$

㉝ $4 \times 9 =$

㉞ $4 \times 0 =$

㉟ $3 \times 8 =$

㊱ $3 \times 9 =$

㊲ $3 \times 0 =$

㊳ $5 \times 8 =$

㊴ $5 \times 9 =$

㊵ $5 \times 0 =$

2 計算をしましょう。

〔1もん　2点〕

❶ 4 × 6 =

❷ 2 × 3 =

❸ 5 × 8 =

❹ 3 × 5 =

❺ 4 × 3 =

❻ 5 × 4 =

❼ 2 × 7 =

❽ 3 × 1 =

❾ 5 × 9 =

❿ 2 × 4 =

⓫ 4 × 0 =

⓬ 3 × 8 =

⓭ 4 × 4 =

⓮ 2 × 6 =

⓯ 5 × 1 =

⓰ 3 × 3 =

⓱ 2 × 9 =

⓲ 4 × 2 =

⓳ 5 × 7 =

⓴ 3 × 0 =

㉑ 4 × 8 =

㉒ 2 × 5 =

㉓ 5 × 6 =

㉔ 3 × 9 =

㉕ 4 × 1 =

㉖ 2 × 8 =

㉗ 3 × 7 =

㉘ 5 × 3 =

㉙ 2 × 2 =

㉚ 4 × 9 =

2のだんから5のだんまでの九九を思い出そう。

点

2 九九のふくしゅう(2)

月　日　名前　はじめ　時　分　おわり　時　分

1 計算をしましょう。　〔1もん　1点〕

1. $6 \times 5 =$
2. $7 \times 5 =$
3. $8 \times 5 =$
4. $9 \times 5 =$
5. $6 \times 6 =$
6. $7 \times 6 =$
7. $8 \times 6 =$
8. $9 \times 6 =$
9. $6 \times 7 =$
10. $7 \times 7 =$
11. $8 \times 7 =$
12. $9 \times 7 =$
13. $7 \times 1 =$
14. $7 \times 2 =$
15. $7 \times 3 =$
16. $7 \times 4 =$
17. $6 \times 1 =$
18. $6 \times 2 =$
19. $6 \times 3 =$
20. $6 \times 4 =$
21. $9 \times 1 =$
22. $9 \times 2 =$
23. $9 \times 3 =$
24. $9 \times 4 =$
25. $8 \times 1 =$
26. $8 \times 2 =$
27. $8 \times 3 =$
28. $8 \times 4 =$
29. $6 \times 8 =$
30. $6 \times 9 =$
31. $6 \times 0 =$
32. $8 \times 8 =$
33. $8 \times 9 =$
34. $8 \times 0 =$
35. $7 \times 8 =$
36. $7 \times 9 =$
37. $7 \times 0 =$
38. $9 \times 8 =$
39. $9 \times 9 =$
40. $9 \times 0 =$

2 計算をしましょう。 〔1もん　2点〕

① 8×6＝

② 6×3＝

③ 9×8＝

④ 7×5＝

⑤ 8×3＝

⑥ 9×4＝

⑦ 6×7＝

⑧ 7×1＝

⑨ 9×9＝

⑩ 6×4＝

⑪ 8×0＝

⑫ 7×8＝

⑬ 8×4＝

⑭ 6×6＝

⑮ 9×1＝

⑯ 7×3＝

⑰ 6×9＝

⑱ 8×2＝

⑲ 9×7＝

⑳ 7×0＝

㉑ 8×8＝

㉒ 6×5＝

㉓ 9×6＝

㉔ 7×9＝

㉕ 8×1＝

㉖ 6×8＝

㉗ 7×7＝

㉘ 9×3＝

㉙ 6×2＝

㉚ 8×9＝

6のだんから9のだんまでの九九を思い出そう。

点

3 九九のふくしゅう(3)

月　日　名前　はじめ　時　分　おわり　時　分

1 計算をしましょう。〔1もん　1点〕

1. $4\times6=$
2. $4\times5=$
3. $4\times4=$
4. $7\times9=$
5. $7\times8=$
6. $7\times7=$
7. $2\times6=$
8. $2\times5=$
9. $2\times4=$
10. $8\times3=$
11. $8\times2=$
12. $8\times1=$
13. $8\times0=$
14. $3\times9=$
15. $3\times8=$
16. $3\times7=$
17. $6\times6=$
18. $6\times5=$
19. $6\times4=$
20. $5\times9=$
21. $5\times8=$
22. $5\times7=$
23. $9\times3=$
24. $9\times2=$
25. $9\times1=$
26. $9\times0=$
27. $4\times9=$
28. $4\times8=$
29. $4\times7=$
30. $7\times5=$
31. $7\times3=$
32. $7\times1=$
33. $2\times9=$
34. $2\times8=$
35. $2\times7=$
36. $8\times8=$
37. $8\times7=$
38. $8\times6=$
39. $3\times6=$
40. $3\times5=$
41. $3\times4=$
42. $6\times9=$
43. $6\times8=$
44. $6\times7=$
45. $5\times6=$
46. $5\times4=$
47. $5\times2=$
48. $9\times5=$
49. $9\times7=$
50. $9\times9=$

2 計算をしましょう。

〔1もん　1点〕

❶ 5×2＝

❷ 3×5＝

❸ 7×8＝

❹ 9×1＝

❺ 4×7＝

❻ 6×3＝

❼ 8×6＝

❽ 2×4＝

❾ 9×8＝

❿ 3×3＝

⓫ 5×5＝

⓬ 7×7＝

⓭ 2×2＝

⓮ 8×4＝

⓯ 6×9＝

⓰ 4×6＝

⓱ 5×8＝

⓲ 3×1＝

⓳ 7×5＝

⓴ 9×3＝

㉑ 4×4＝

㉒ 6×7＝

㉓ 8×2＝

㉔ 2×9＝

㉕ 9×6＝

㉖ 3×7＝

㉗ 5×0＝

㉘ 7×3＝

㉙ 2×5＝

㉚ 8×8＝

㉛ 6×4＝

㉜ 4×9＝

㉝ 5×6＝

㉞ 3×2＝

㉟ 7×4＝

㊱ 9×5＝

㊲ 4×1＝

㊳ 6×8＝

㊴ 8×3＝

㊵ 2×6＝

㊶ 9×7＝

㊷ 3×8＝

㊸ 5×4＝

㊹ 7×6＝

㊺ 2×3＝

㊻ 8×5＝

㊼ 6×6＝

㊽ 4×3＝

㊾ 5×7＝

㊿ 9×9＝

2のだんから9のだんまでの九九を思い出そう。

点

4 かけ算のふくしゅう

月　日　名前

はじめ　時　分　おわり　時　分

1 □にあてはまる数字を入れましょう。〔1もん　1点〕

❶ 3 × 7 ＝ 7 × □

❷ 4 × 6 ＝ □ × 4

❸ 5 × □ ＝ 8 × 5

❹ □ × 9 ＝ 9 × 6

❺ 3 × 1 ＝ 1 × □

❻ 4 × 1 ＝ □ × 4

❼ 5 × □ ＝ 1 × 5

❽ 6 × 0 ＝ □ × 6

❾ 7 × □ ＝ 0 × 7

❿ 8 × 0 ＝ □ × 8

2 計算をしましょう。〔1もん　1点〕

❶ 2×1＝

❷ 1×2＝

❸ 3×1＝

❹ 1×3＝

❺ 2×0＝

❻ 0×2＝

❼ 3×0＝

❽ 0×3＝

❾ 4×1＝

❿ 1×4＝

⓫ 5×1＝

⓬ 1×5＝

⓭ 4×0＝

⓮ 0×4＝

⓯ 5×0＝

⓰ 0×5＝

⓱ 6×1＝

⓲ 1×6＝

⓳ 6×0＝

⓴ 0×6＝

㉑ 1×7＝

㉒ 0×8＝

㉓ 1×9＝

㉔ 0×7＝

㉕ 1×8＝

㉖ 0×9＝

㉗ 1×1＝

㉘ 0×1＝

㉙ 1×0＝

㉚ 0×0＝

3 計算(けいさん)をしましょう。 〔1もん　1点(てん)〕

1. $6 \times 3 =$
2. $0 \times 5 =$
3. $4 \times 8 =$
4. $7 \times 6 =$
5. $0 \times 2 =$
6. $8 \times 4 =$
7. $3 \times 9 =$
8. $1 \times 7 =$
9. $9 \times 5 =$
10. $7 \times 9 =$
11. $1 \times 3 =$
12. $2 \times 6 =$
13. $0 \times 9 =$
14. $5 \times 2 =$
15. $6 \times 8 =$
16. $1 \times 4 =$
17. $4 \times 3 =$
18. $5 \times 7 =$
19. $0 \times 7 =$
20. $9 \times 9 =$
21. $0 \times 0 =$
22. $8 \times 7 =$
23. $3 \times 4 =$
24. $1 \times 9 =$
25. $9 \times 4 =$
26. $2 \times 7 =$
27. $0 \times 3 =$
28. $5 \times 9 =$
29. $7 \times 8 =$
30. $1 \times 0 =$

4 □にあてはまる数字(すうじ)を入(い)れましょう。 〔1もん　2点(てん)〕

1. $3 \times 7 = 3 \times 6 + \square$
2. $5 \times 8 = 5 \times \square + 5$
3. $4 \times 9 = \square \times 8 + 4$
4. $7 \times 10 = 7 \times 9 + \square$

5 計算(けいさん)をしましょう。 〔1もん　2点(てん)〕

1. $2 \times 10 =$
2. $2 \times 11 =$
3. $2 \times 12 =$
4. $5 \times 10 =$
5. $8 \times 10 =$
6. $9 \times 11 =$
7. $10 \times 2 =$
8. $11 \times 2 =$
9. $6 \times 10 =$
10. $7 \times 11 =$
11. $10 \times 9 =$

まちがえたもんだいは，もう一(いち)どやりなおしてみよう。

点

1から4までのまとめ

5 チェックテスト

月　日	名前	はじめ　時　分	おわり　時　分

1 つぎの計算(けいさん)をしましょう。　〔1もん　1点(てん)〕

① $7 \times 3 =$
② $4 \times 5 =$
③ $6 \times 8 =$
④ $1 \times 3 =$
⑤ $5 \times 2 =$
⑥ $9 \times 6 =$
⑦ $0 \times 7 =$
⑧ $2 \times 4 =$
⑨ $8 \times 1 =$
⑩ $3 \times 6 =$
⑪ $7 \times 9 =$
⑫ $4 \times 1 =$
⑬ $6 \times 0 =$
⑭ $1 \times 8 =$
⑮ $5 \times 5 =$
⑯ $9 \times 2 =$
⑰ $0 \times 5 =$
⑱ $2 \times 7 =$
⑲ $8 \times 6 =$
⑳ $3 \times 2 =$

㉑ $7 \times 4 =$
㉒ $4 \times 0 =$
㉓ $6 \times 3 =$
㉔ $1 \times 1 =$
㉕ $5 \times 9 =$
㉖ $9 \times 7 =$
㉗ $0 \times 2 =$
㉘ $2 \times 6 =$
㉙ $8 \times 4 =$
㉚ $3 \times 8 =$
㉛ $7 \times 0 =$
㉜ $4 \times 7 =$
㉝ $6 \times 5 =$
㉞ $1 \times 2 =$
㉟ $5 \times 6 =$
㊱ $9 \times 3 =$
㊲ $0 \times 9 =$
㊳ $2 \times 5 =$
㊴ $8 \times 8 =$
㊵ $3 \times 4 =$

㊶ $7 \times 7 =$
㊷ $4 \times 2 =$
㊸ $6 \times 7 =$
㊹ $1 \times 5 =$
㊺ $5 \times 3 =$
㊻ $9 \times 8 =$
㊼ $0 \times 4 =$
㊽ $2 \times 2 =$
㊾ $8 \times 5 =$
㊿ $3 \times 0 =$
(51) $7 \times 6 =$
(52) $4 \times 9 =$
(53) $6 \times 2 =$
(54) $1 \times 7 =$
(55) $5 \times 8 =$
(56) $9 \times 1 =$
(57) $0 \times 8 =$
(58) $2 \times 1 =$
(59) $8 \times 3 =$
(60) $3 \times 9 =$

2 つぎの計算をしましょう。 〔1もん 1点〕

① $7 \times 5 =$

② $4 \times 3 =$

③ $6 \times 9 =$

④ $1 \times 4 =$

⑤ $5 \times 7 =$

⑥ $9 \times 4 =$

⑦ $0 \times 0 =$

⑧ $2 \times 8 =$

⑨ $8 \times 7 =$

⑩ $3 \times 5 =$

⑪ $7 \times 1 =$

⑫ $4 \times 6 =$

⑬ $3 \times 1 =$

⑭ $1 \times 9 =$

⑮ $8 \times 2 =$

⑯ $7 \times 8 =$

⑰ $2 \times 3 =$

⑱ $6 \times 6 =$

⑲ $1 \times 0 =$

⑳ $5 \times 4 =$

㉑ $9 \times 0 =$

㉒ $0 \times 3 =$

㉓ $2 \times 9 =$

㉔ $8 \times 9 =$

㉕ $3 \times 7 =$

㉖ $7 \times 2 =$

㉗ $4 \times 8 =$

㉘ $9 \times 9 =$

㉙ $1 \times 6 =$

㉚ $5 \times 1 =$

3 つぎの計算をしましょう。 〔1もん 2点〕

① $10 \times 8 =$

② $4 \times 12 =$

③ $11 \times 3 =$

④ $5 \times 11 =$

⑤ $9 \times 10 =$

答え合わせをして点数をつけてから，72ページの アドバイス を読もう。

6 九九のぎゃく

月　日　名前　はじめ　時　分　おわり　時　分

1 □にあてはまる数字を入れましょう。〔1もん　1点〕

① $2 \times \square = 6$

② $2 \times \square = 8$

③ $2 \times \square = 14$

④ $2 \times \square = 16$

⑤ $2 \times \square = 4$

⑥ $2 \times \square = 10$

⑦ $2 \times \square = 18$

⑧ $2 \times \square = 0$

⑨ $2 \times \square = 12$

⑩ $2 \times \square = 2$

⑪ $3 \times \square = 15$

⑫ $3 \times \square = 24$

⑬ $3 \times \square = 18$

⑭ $3 \times \square = 27$

⑮ $3 \times \square = 21$

⑯ $4 \times \square = 28$

⑰ $4 \times \square = 12$

⑱ $4 \times \square = 36$

⑲ $4 \times \square = 24$

⑳ $4 \times \square = 32$

㉑ $5 \times \square = 40$

㉒ $5 \times \square = 0$

㉓ $5 \times \square = 35$

㉔ $5 \times \square = 45$

㉕ $6 \times \square = 36$

㉖ $6 \times \square = 54$

㉗ $6 \times \square = 30$

㉘ $6 \times \square = 42$

㉙ $7 \times \square = 56$

㉚ $7 \times \square = 7$

㉛ $7 \times \square = 63$

㉜ $7 \times \square = 49$

㉝ $8 \times \square = 72$

㉞ $8 \times \square = 16$

㉟ $8 \times \square = 64$

㊱ $8 \times \square = 40$

㊲ $9 \times \square = 63$

㊳ $9 \times \square = 27$

㊴ $9 \times \square = 54$

㊵ $9 \times \square = 81$

2 □にあてはまる数字を入れましょう。 〔1もん 2点〕

❶ □×2＝4

❷ □×2＝6

❸ □×2＝18

❹ □×2＝14

❺ □×3＝9

❻ □×3＝12

❼ □×3＝24

❽ □×3＝18

❾ □×4＝16

❿ □×4＝8

⓫ □×4＝28

⓬ □×4＝12

⓭ □×5＝25

⓮ □×5＝10

⓯ □×5＝40

⓰ □×5＝45

⓱ □×6＝36

⓲ □×6＝18

⓳ □×6＝54

⓴ □×6＝42

㉑ □×7＝49

㉒ □×7＝28

㉓ □×7＝56

㉔ □×7＝35

㉕ □×8＝64

㉖ □×8＝16

㉗ □×8＝40

㉘ □×9＝81

㉙ □×9＝9

㉚ □×9＝36

1のだんから9のだんまでの九九を思い出そう。

点

7 わり算(1)

月　日	名前	はじめ　時　分	おわり　時　分

1 □にあてはまる数字を入れましょう。〔1もん　4点〕

	かけ算		わり算
❶	2 × 3 = 6	→	6 ÷ 2 = 3
❷	3 × □ = 12		12 ÷ 3 = □
❸	2 × □ = 8		8 ÷ 2 = □
❹	2 × □ = 12		12 ÷ 2 = □
❺	3 × □ = 15		15 ÷ 3 = □
❻	3 × □ = 18		18 ÷ 3 = □
❼	4 × □ = 24		24 ÷ 4 = □
❽	5 × □ = 25		25 ÷ 5 = □
❾	6 × □ = 42		42 ÷ 6 = □
❿	7 × □ = 21		21 ÷ 7 = □
⓫	8 × □ = 48		48 ÷ 8 = □
⓬	9 × □ = 63		63 ÷ 9 = □

（わる　は）

九九をつかってわり算をれんしゅうしよう。

2 □にあてはまる数字を入れましょう。

〔1もん　4点〕

	かけ算	わり算
❶	□×3＝6	6÷3＝□
❷	□×4＝12	12÷4＝□
❸	□×2＝4	4÷2＝□
❹	□×2＝10	10÷2＝□
❺	□×3＝21	21÷3＝□
❻	□×3＝27	27÷3＝□
❼	□×4＝16	16÷4＝□
❽	□×5＝30	30÷5＝□
❾	□×6＝48	48÷6＝□
❿	□×7＝35	35÷7＝□
⓫	□×8＝32	32÷8＝□
⓬	□×9＝54	54÷9＝□
⓭	□×9＝72	72÷9＝□

わり算をするときは，九九がひつようだよ。
がんばろう。

点

8 わり算(2)

月　日	名前	はじめ　時　分	おわり　時　分

1 わり算をしましょう。〔1もん　2点〕

❶ 8÷2＝

❷ 12÷2＝

❸ 16÷2＝

❹ 6÷2＝

❺ 4÷2＝

❻ 2÷2＝

❼ 10÷2＝

❽ 18÷2＝

❾ 14÷2＝

❿ 0÷2＝

⓫ 6÷3＝

⓬ 15÷3＝

⓭ 21÷3＝

⓮ 3÷3＝

⓯ 24÷3＝

⓰ 18÷3＝

⓱ 0÷3＝

⓲ 27÷3＝

⓳ 8÷4＝

⓴ 24÷4＝

㉑ 16÷4＝

㉒ 28÷4＝

㉓ 0÷4＝

㉔ 36÷4＝

㉕ 20÷4＝

0をどんな数でわっても，答えは0だよ。

九九をつかってわり算をれんしゅうしよう。

2 わり算をしましょう。 〔1もん 2点〕

❶ 12÷4＝

❷ 8÷4＝

❸ 28÷4＝

❹ 16÷4＝

❺ 4÷4＝

❻ 0÷4＝

❼ 32÷4＝

❽ 10÷5＝

❾ 25÷5＝

❿ 30÷5＝

⓫ 0÷5＝

⓬ 15÷5＝

⓭ 40÷5＝

⓮ 35÷5＝

⓯ 45÷5＝

⓰ 20÷5＝

⓱ 18÷6＝

⓲ 42÷6＝

⓳ 30÷6＝

⓴ 24÷6＝

㉑ 48÷6＝

㉒ 0÷6＝

㉓ 36÷6＝

㉔ 6÷6＝

㉕ 54÷6＝

にがてな九九をれんしゅうしておこう。

点

9 わり算(3)

月　日　名前　はじめ　時　分　おわり　時　分

1 わり算をしましょう。　〔1もん　2点〕

1. 8 ÷ 2 =
2. 16 ÷ 2 =
3. 4 ÷ 2 =
4. 2 ÷ 2 =
5. 18 ÷ 2 =
6. 10 ÷ 2 =
7. 9 ÷ 3 =
8. 15 ÷ 3 =
9. 24 ÷ 3 =
10. 6 ÷ 3 =
11. 18 ÷ 3 =
12. 21 ÷ 3 =
13. 27 ÷ 3 =
14. 20 ÷ 4 =
15. 8 ÷ 4 =
16. 4 ÷ 4 =
17. 32 ÷ 4 =
18. 28 ÷ 4 =
19. 36 ÷ 4 =
20. 30 ÷ 5 =
21. 15 ÷ 5 =
22. 40 ÷ 5 =
23. 5 ÷ 5 =
24. 20 ÷ 5 =
25. 35 ÷ 5 =

2 わり算をしましょう。

〔1もん　2点〕

❶ 15÷5＝

❷ 40÷5＝

❸ 35÷5＝

❹ 10÷5＝

❺ 25÷5＝

❻ 5÷5＝

❼ 6÷6＝

❽ 36÷6＝

❾ 12÷6＝

❿ 30÷6＝

⓫ 54÷6＝

⓬ 18÷6＝

⓭ 42÷6＝

⓮ 28÷7＝

⓯ 14÷7＝

⓰ 49÷7＝

⓱ 7÷7＝

⓲ 35÷7＝

⓳ 63÷7＝

⓴ 16÷8＝

㉑ 40÷8＝

㉒ 24÷8＝

㉓ 8÷8＝

㉔ 32÷8＝

㉕ 48÷8＝

まちがえたもんだいは，もう一どやりなおしてみよう。

点

10 わり算(4)

月　日　名前　はじめ　時　分　おわり　時　分

1 わり算をしましょう。　〔1もん　2点〕

❶ 18÷6＝

❷ 42÷6＝

❸ 12÷6＝

❹ 48÷6＝

❺ 24÷6＝

❻ 30÷6＝

❼ 14÷7＝

❽ 35÷7＝

❾ 21÷7＝

❿ 56÷7＝

⓫ 7÷7＝

⓬ 42÷7＝

⓭ 35÷7＝

⓮ 16÷8＝

⓯ 32÷8＝

⓰ 56÷8＝

⓱ 72÷8＝

⓲ 40÷8＝

⓳ 18÷9＝

⓴ 9÷9＝

㉑ 54÷9＝

㉒ 27÷9＝

㉓ 81÷9＝

㉔ 36÷9＝

㉕ 72÷9＝

2 わり算をしましょう。　〔1もん　2点〕

❶ 10÷2＝

❷ 18÷2＝

❸ 6÷2＝

❹ 15÷3＝

❺ 24÷3＝

❻ 9÷3＝

❼ 20÷4＝

❽ 36÷4＝

❾ 12÷4＝

❿ 8÷4＝

⓫ 25÷5＝

⓬ 40÷5＝

⓭ 45÷5＝

⓮ 24÷6＝

⓯ 6÷6＝

⓰ 42÷6＝

⓱ 21÷7＝

⓲ 63÷7＝

⓳ 14÷7＝

⓴ 48÷8＝

㉑ 16÷8＝

㉒ 72÷8＝

㉓ 18÷9＝

㉔ 45÷9＝

㉕ 63÷9＝

まちがえたもんだいは，もう一どやりなおしてみよう。

点

11 わり算(5)

月　日　名前　はじめ　時　分　おわり　時　分

1 わり算をしましょう。　〔1もん　2点〕

❶ 6 ÷ 2 =

❷ 9 ÷ 3 =

❸ 8 ÷ 4 =

❹ 10 ÷ 5 =

❺ 6 ÷ 6 =

❻ 14 ÷ 7 =

❼ 16 ÷ 8 =

❽ 18 ÷ 9 =

❾ 8 ÷ 2 =

❿ 12 ÷ 3 =

⓫ 12 ÷ 4 =

⓬ 15 ÷ 5 =

⓭ 18 ÷ 6 =

⓮ 15 ÷ 3 =

⓯ 20 ÷ 4 =

⓰ 20 ÷ 5 =

⓱ 21 ÷ 7 =

⓲ 32 ÷ 8 =

⓳ 27 ÷ 9 =

⓴ 10 ÷ 2 =

㉑ 18 ÷ 3 =

㉒ 16 ÷ 4 =

㉓ 25 ÷ 5 =

㉔ 30 ÷ 6 =

㉕ 35 ÷ 7 =

2 わり算をしましょう。 〔1もん　2点〕

❶ 10÷2＝

❷ 18÷3＝

❸ 28÷4＝

❹ 30÷5＝

❺ 36÷6＝

❻ 42÷7＝

❼ 56÷8＝

❽ 63÷9＝

❾ 12÷2＝

❿ 21÷3＝

⓫ 25÷5＝

⓬ 42÷6＝

⓭ 49÷7＝

⓮ 24÷4＝

⓯ 35÷5＝

⓰ 36÷6＝

⓱ 56÷7＝

⓲ 18÷2＝

⓳ 21÷3＝

⓴ 32÷4＝

㉑ 45÷5＝

㉒ 54÷6＝

㉓ 63÷7＝

㉔ 72÷8＝

㉕ 81÷9＝

まちがえたもんだいは，もう一どやりなおしてみよう。

点

12 わり算(6)

月　日　名前　はじめ　時　分　おわり　時　分

1 わり算をしましょう。　〔1もん　2点〕

① $8 \div 2 =$

② $9 \div 3 =$

③ $16 \div 4 =$

④ $16 \div 2 =$

⑤ $18 \div 3 =$

⑥ $20 \div 4 =$

⑦ $20 \div 5 =$

⑧ $24 \div 6 =$

⑨ $28 \div 7 =$

⑩ $32 \div 8 =$

⑪ $18 \div 2 =$

⑫ $18 \div 3 =$

⑬ $24 \div 4 =$

⑭ $12 \div 2 =$

⑮ $12 \div 3 =$

⑯ $24 \div 4 =$

⑰ $25 \div 5 =$

⑱ $30 \div 6 =$

⑲ $15 \div 3 =$

⑳ $28 \div 4 =$

㉑ $30 \div 5 =$

㉒ $42 \div 6 =$

㉓ $49 \div 7 =$

㉔ $48 \div 8 =$

㉕ $54 \div 9 =$

2 わり算をしましょう。 〔1もん 2点〕

❶ 12÷2＝

❷ 27÷3＝

❸ 32÷4＝

❹ 45÷5＝

❺ 24÷6＝

❻ 49÷7＝

❼ 32÷8＝

❽ 27÷9＝

❾ 9÷1＝

❿ 10÷2＝

⓫ 24÷3＝

⓬ 36÷4＝

⓭ 45÷5＝

⓮ 30÷5＝

⓯ 42÷6＝

⓰ 28÷7＝

⓱ 40÷8＝

⓲ 18÷2＝

⓳ 27÷3＝

⓴ 36÷4＝

㉑ 35÷5＝

㉒ 54÷6＝

㉓ 56÷7＝

㉔ 72÷8＝

㉕ 81÷9＝

まちがえたもんだいは，もう一どやりなおしてみよう。

点

13 わり算(7)

月　日　名前　はじめ　時　分　おわり　時　分

1 わり算をしましょう。　〔1もん　2点〕

❶ 4÷2＝

❷ 2÷2＝

❸ 2÷1＝

❹ 0÷2＝

❺ 14÷2＝

❻ 15÷5＝

❼ 5÷5＝

❽ 5÷1＝

❾ 12÷3＝

❿ 3÷3＝

⓫ 3÷1＝

⓬ 21÷7＝

⓭ 14÷7＝

⓮ 7÷7＝

⓯ 7÷1＝

⓰ 0÷4＝

⓱ 16÷4＝

⓲ 4÷4＝

⓳ 4÷1＝

⓴ 12÷6＝

㉑ 6÷6＝

㉒ 6÷1＝

㉓ 1÷1＝

㉔ 0÷1＝

㉕ 8÷1＝

2 わり算をしましょう。　〔1もん　2点〕

❶ $8 \div 1 =$

❷ $1 \div 1 =$

❸ $18 \div 9 =$

❹ $25 \div 5 =$

❺ $32 \div 8 =$

❻ $0 \div 8 =$

❼ $21 \div 7 =$

❽ $48 \div 6 =$

❾ $6 \div 6 =$

❿ $28 \div 7 =$

⓫ $0 \div 7 =$

⓬ $32 \div 8 =$

⓭ $45 \div 9 =$

⓮ $18 \div 9 =$

⓯ $9 \div 9 =$

⓰ $0 \div 9 =$

⓱ $6 \div 1 =$

⓲ $8 \div 8 =$

⓳ $42 \div 7 =$

⓴ $27 \div 3 =$

㉑ $40 \div 8 =$

㉒ $35 \div 7 =$

㉓ $7 \div 7 =$

㉔ $64 \div 8 =$

㉕ $72 \div 9 =$

まちがえたもんだいは，もう一どやりなおしてみよう。

点

14 わり算(8)

月　日　名前　はじめ　時　分　おわり　時　分

1 わり算をしましょう。 〔1もん　2点〕

❶ 12÷3＝

❷ 20÷4＝

❸ 12÷6＝

❹ 20÷5＝

❺ 18÷3＝

❻ 24÷4＝

❼ 18÷6＝

❽ 24÷6＝

❾ 21÷3＝

❿ 27÷3＝

⓫ 21÷7＝

⓬ 27÷9＝

⓭ 25÷5＝

⓮ 30÷5＝

⓯ 28÷4＝

⓰ 30÷6＝

⓱ 28÷7＝

⓲ 35÷7＝

⓳ 32÷4＝

⓴ 35÷5＝

㉑ 32÷8＝

㉒ 36÷9＝

㉓ 40÷5＝

㉔ 36÷4＝

㉕ 40÷8＝

2 わり算(ざん)をしましょう。 〔1もん　2点(てん)〕

❶ 32÷8＝

❷ 35÷5＝

❸ 36÷9＝

❹ 32÷4＝

❺ 35÷7＝

❻ 36÷6＝

❼ 40÷5＝

❽ 42÷6＝

❾ 45÷5＝

❿ 40÷8＝

⓫ 42÷7＝

⓬ 45÷9＝

⓭ 49÷7＝

⓮ 48÷8＝

⓯ 54÷6＝

⓰ 64÷8＝

⓱ 48÷6＝

⓲ 54÷9＝

⓳ 56÷8＝

⓴ 63÷7＝

㉑ 72÷9＝

㉒ 56÷7＝

㉓ 63÷9＝

㉔ 72÷8＝

㉕ 81÷9＝

まちがえたもんだいは，もう一(いち)どやりなおしてみよう。

点

15 わり算(9)

月　日　名前　はじめ　時　分　おわり　時　分

1 わり算をしましょう。

〔1もん　2点〕

❶ 28÷4＝

❷ 20÷5＝

❸ 24÷4＝

❹ 30÷6＝

❺ 35÷5＝

❻ 32÷4＝

❼ 36÷6＝

❽ 28÷7＝

❾ 20÷4＝

❿ 24÷6＝

⓫ 30÷5＝

⓬ 35÷7＝

⓭ 32÷8＝

⓮ 36÷4＝

⓯ 40÷5＝

⓰ 42÷7＝

⓱ 45÷9＝

⓲ 48÷8＝

⓳ 49÷7＝

⓴ 64÷8＝

㉑ 36÷9＝

㉒ 40÷8＝

㉓ 42÷6＝

㉔ 45÷5＝

㉕ 48÷6＝

2 わり算をしましょう。 〔1もん 2点〕

❶ $24 \div 6 =$

❷ $30 \div 5 =$

❸ $36 \div 6 =$

❹ $21 \div 7 =$

❺ $35 \div 5 =$

❻ $48 \div 6 =$

❼ $49 \div 7 =$

❽ $48 \div 8 =$

❾ $35 \div 7 =$

❿ $21 \div 3 =$

⓫ $36 \div 9 =$

⓬ $30 \div 6 =$

⓭ $24 \div 8 =$

⓮ $42 \div 7 =$

⓯ $40 \div 8 =$

⓰ $45 \div 5 =$

⓱ $54 \div 6 =$

⓲ $63 \div 9 =$

⓳ $72 \div 8 =$

⓴ $72 \div 9 =$

㉑ $63 \div 7 =$

㉒ $54 \div 9 =$

㉓ $45 \div 9 =$

㉔ $40 \div 5 =$

㉕ $42 \div 6 =$

まちがえたもんだいは，もう一どやりなおしてみよう。

点

16 わり算(10)

月　日　名前　はじめ　時　分　おわり　時　分

1 わり算をしましょう。

〔1もん　2点〕

❶ 21÷3＝

❷ 18÷2＝

❸ 25÷5＝

❹ 24÷6＝

❺ 16÷2＝

❻ 28÷4＝

❼ 35÷7＝

❽ 36÷4＝

❾ 30÷5＝

❿ 32÷4＝

⓫ 28÷7＝

⓬ 36÷6＝

⓭ 40÷8＝

⓮ 20÷5＝

⓯ 24÷4＝

⓰ 30÷6＝

⓱ 35÷5＝

⓲ 42÷6＝

⓳ 45÷5＝

⓴ 49÷7＝

㉑ 54÷6＝

㉒ 48÷8＝

㉓ 56÷7＝

㉔ 64÷8＝

㉕ 63÷7＝

2 わり算をしましょう。

〔1もん　2点〕

① $42 \div 6 =$

② $49 \div 7 =$

③ $56 \div 8 =$

④ $54 \div 9 =$

⑤ $36 \div 4 =$

⑥ $24 \div 3 =$

⑦ $40 \div 5 =$

⑧ $56 \div 7 =$

⑨ $63 \div 9 =$

⑩ $72 \div 8 =$

⑪ $54 \div 6 =$

⑫ $56 \div 8 =$

⑬ $64 \div 8 =$

⑭ $35 \div 5 =$

⑮ $32 \div 4 =$

⑯ $48 \div 8 =$

⑰ $27 \div 3 =$

⑱ $36 \div 6 =$

⑲ $45 \div 9 =$

⑳ $28 \div 4 =$

㉑ $63 \div 7 =$

㉒ $72 \div 9 =$

㉓ $42 \div 7 =$

㉔ $40 \div 8 =$

㉕ $81 \div 9 =$

まちがえたもんだいは，もう一どやりなおしてみよう。

点

17 あまりのあるわり算(1)

月　　日　名前　　　はじめ　時　分　おわり　時　分

1 わり算をしましょう。 〔1もん　2点〕

1. $6 \div 2 =$ □
2. $7 \div 2 =$ 3　あまり　1
3. $8 \div 2 =$ □
4. $9 \div 2 =$ 4　あまり　□
5. $10 \div 2 =$ □
6. $11 \div 2 =$ □　あまり　□
7. $12 \div 2 =$
8. $13 \div 2 =$
9. $14 \div 2 =$
10. $15 \div 2 =$
11. $16 \div 2 =$
12. $6 \div 2 =$
13. $7 \div 2 =$
14. $8 \div 2 =$
15. $9 \div 2 =$
16. $10 \div 2 =$
17. $11 \div 2 =$
18. $12 \div 2 =$
19. $13 \div 2 =$
20. $14 \div 2 =$
21. $15 \div 2 =$
22. $16 \div 2 =$
23. $17 \div 2 =$
24. $18 \div 2 =$
25. $19 \div 2 =$

あまりは，わる数よりも小さくなくてはいけないよ。気をつけよう。

2 わり算をしましょう。 〔1もん 2点〕

1. $6 \div 3 =$ □
2. $7 \div 3 = 2$ あまり □
3. $8 \div 3 = 2$ あまり □
4. $9 \div 3 =$
5. $10 \div 3 =$
6. $11 \div 3 =$
7. $12 \div 3 =$
8. $13 \div 3 =$
9. $14 \div 3 =$
10. $15 \div 3 =$
11. $16 \div 3 =$
12. $17 \div 3 =$
13. $18 \div 3 =$
14. $19 \div 3 =$
15. $20 \div 3 =$
16. $21 \div 3 =$
17. $22 \div 3 =$
18. $23 \div 3 =$
19. $24 \div 3 =$
20. $25 \div 3 =$
21. $26 \div 3 =$
22. $27 \div 3 =$
23. $28 \div 3 =$
24. $29 \div 3 =$
25. $13 \div 3 =$

あまりは，わる数よりも小さくなくてはいけないよ。気をつけよう。

まちがえたもんだいは，もう一どやりなおしてみよう。

18 あまりのあるわり算(2)

月　日　名前

1 わり算をしましょう。

〔1もん　2点〕

❶ $6 \div 2 =$

❷ $7 \div 2 =$

❸ $8 \div 2 =$

❹ $9 \div 2 =$

❺ $10 \div 2 =$

❻ $6 \div 3 =$

❼ $7 \div 3 =$

❽ $8 \div 3 =$

❾ $9 \div 3 =$

❿ $10 \div 3 =$

⓫ $12 \div 2 =$

⓬ $13 \div 2 =$

⓭ $14 \div 2 =$

⓮ $15 \div 2 =$

⓯ $16 \div 2 =$

⓰ $12 \div 3 =$

⓱ $13 \div 3 =$

⓲ $14 \div 3 =$

⓳ $15 \div 3 =$

⓴ $16 \div 3 =$

㉑ $18 \div 3 =$

㉒ $19 \div 3 =$

㉓ $20 \div 3 =$

㉔ $21 \div 3 =$

㉕ $22 \div 3 =$

2 わり算をしましょう。 〔1もん 2点〕

❶ 8 ÷ 4 ＝ □

❷ 9 ÷ 4 ＝ □ あまり □

❸ 10÷ 4 ＝

❹ 11÷ 4 ＝

❺ 12÷ 4 ＝

❻ 13÷ 4 ＝

❼ 14÷ 4 ＝

❽ 15÷ 4 ＝

❾ 16÷ 4 ＝

❿ 17÷ 4 ＝

⓫ 18÷ 4 ＝

⓬ 19÷ 4 ＝

⓭ 20÷ 4 ＝

⓮ 21÷ 4 ＝

⓯ 22÷ 4 ＝

⓰ 23÷ 4 ＝

⓱ 24÷ 4 ＝

⓲ 25÷ 4 ＝

⓳ 27÷ 4 ＝

⓴ 28÷ 4 ＝

㉑ 30÷ 4 ＝

㉒ 33÷ 4 ＝

㉓ 36÷ 4 ＝

㉔ 38÷ 4 ＝

㉕ 39÷ 4 ＝

まちがえたもんだいは，もう一どやりなおしてみよう。

点

19 あまりのあるわり算(3)

月　日　名前　はじめ　時　分　おわり　時　分

1 わり算をしましょう。〔1もん　2点〕

❶ 10÷5＝□

❷ 11÷5＝□ あまり □

❸ 12÷5＝

❹ 13÷5＝

❺ 14÷5＝

❻ 15÷5＝

❼ 16÷5＝

❽ 17÷5＝

❾ 18÷5＝

❿ 19÷5＝

⓫ 20÷5＝

⓬ 21÷5＝

⓭ 22÷5＝

⓮ 23÷5＝

⓯ 25÷5＝

⓰ 27÷5＝

⓱ 29÷5＝

⓲ 30÷5＝

⓳ 33÷5＝

⓴ 36÷5＝

㉑ 39÷5＝

㉒ 42÷5＝

㉓ 45÷5＝

㉔ 47÷5＝

㉕ 49÷5＝

2 わり算をしましょう。

〔1もん　2点〕

1. $16 \div 4 =$
2. $17 \div 4 =$
3. $18 \div 4 =$
4. $19 \div 4 =$
5. $20 \div 4 =$
6. $15 \div 5 =$
7. $16 \div 5 =$
8. $17 \div 5 =$
9. $18 \div 5 =$
10. $19 \div 5 =$
11. $20 \div 5 =$
12. $21 \div 5 =$
13. $22 \div 5 =$
14. $23 \div 5 =$
15. $24 \div 5 =$
16. $28 \div 4 =$
17. $29 \div 4 =$
18. $30 \div 4 =$
19. $31 \div 4 =$
20. $32 \div 4 =$
21. $25 \div 5 =$
22. $26 \div 5 =$
23. $27 \div 5 =$
24. $28 \div 5 =$
25. $29 \div 5 =$

答えを書きおわったら，見なおしをしよう。
まちがいがなくなるよ。

点

20 あまりのあるわり算(4)

月　日	名前	はじめ　時　分	おわり　時　分

1 計算をしましょう。〔1もん　2点〕

❶ 4 ÷ 2 =

❷ 7 ÷ 2 =

❸ 10 ÷ 2 =

❹ 13 ÷ 2 =

❺ 16 ÷ 2 =

❻ 19 ÷ 2 =

❼ 6 ÷ 3 =

❽ 10 ÷ 3 =

❾ 14 ÷ 3 =

❿ 18 ÷ 3 =

⓫ 22 ÷ 3 =

⓬ 26 ÷ 3 =

⓭ 8 ÷ 4 =

⓮ 13 ÷ 4 =

⓯ 18 ÷ 4 =

⓰ 23 ÷ 4 =

⓱ 28 ÷ 4 =

⓲ 33 ÷ 4 =

⓳ 38 ÷ 4 =

⓴ 10 ÷ 5 =

㉑ 16 ÷ 5 =

㉒ 22 ÷ 5 =

㉓ 28 ÷ 5 =

㉔ 34 ÷ 5 =

㉕ 40 ÷ 5 =

2 計算(けいさん)をしましょう。

〔1もん　2点(てん)〕

❶ $5 \div 2 =$

❷ $8 \div 2 =$

❸ $11 \div 2 =$

❹ $14 \div 2 =$

❺ $17 \div 2 =$

❻ $19 \div 2 =$

❼ $8 \div 3 =$

❽ $12 \div 3 =$

❾ $16 \div 3 =$

❿ $20 \div 3 =$

⓫ $24 \div 3 =$

⓬ $28 \div 3 =$

⓭ $9 \div 4 =$

⓮ $14 \div 4 =$

⓯ $19 \div 4 =$

⓰ $24 \div 4 =$

⓱ $29 \div 4 =$

⓲ $34 \div 4 =$

⓳ $12 \div 5 =$

⓴ $18 \div 5 =$

㉑ $24 \div 5 =$

㉒ $30 \div 5 =$

㉓ $36 \div 5 =$

㉔ $42 \div 5 =$

㉕ $48 \div 5 =$

まちがえたもんだいは，もう一(いち)どやりなおしてみよう。

点

21 あまりのあるわり算(5)

月　日	名前	はじめ　時　分	おわり　時　分

1 計算をしましょう。 〔1もん　2点〕

1. 6 ÷ 2 =
2. 7 ÷ 2 =
3. 8 ÷ 2 =
4. 9 ÷ 2 =
5. 10 ÷ 2 =
6. 11 ÷ 3 =
7. 12 ÷ 3 =
8. 13 ÷ 3 =
9. 14 ÷ 3 =
10. 15 ÷ 3 =
11. 16 ÷ 4 =
12. 17 ÷ 4 =
13. 18 ÷ 4 =
14. 19 ÷ 4 =
15. 20 ÷ 4 =
16. 21 ÷ 5 =
17. 22 ÷ 5 =
18. 23 ÷ 5 =
19. 24 ÷ 5 =
20. 25 ÷ 5 =
21. 26 ÷ 6 =
22. 27 ÷ 6 =
23. 28 ÷ 6 =
24. 29 ÷ 6 =
25. 30 ÷ 6 =

2 計算をしましょう。

〔1もん　2点〕

❶ $11 \div 2 =$

❷ $12 \div 2 =$

❸ $13 \div 2 =$

❹ $14 \div 3 =$

❺ $15 \div 3 =$

❻ $16 \div 3 =$

❼ $17 \div 4 =$

❽ $18 \div 4 =$

❾ $19 \div 5 =$

❿ $20 \div 5 =$

⓫ $21 \div 6 =$

⓬ $22 \div 6 =$

⓭ $23 \div 6 =$

⓮ $21 \div 4 =$

⓯ $22 \div 4 =$

⓰ $23 \div 4 =$

⓱ $24 \div 5 =$

⓲ $25 \div 5 =$

⓳ $26 \div 5 =$

⓴ $27 \div 6 =$

㉑ $28 \div 6 =$

㉒ $29 \div 7 =$

㉓ $30 \div 7 =$

㉔ $31 \div 7 =$

㉕ $32 \div 7 =$

まちがえたもんだいは，もう一どやりなおしてみよう。

点

22 あまりのあるわり算(6)

月　日　名前　はじめ　時　分　おわり　時　分

1 計算をしましょう。　〔1もん　2点〕

❶ 6÷2＝

❷ 6÷3＝

❸ 7÷2＝

❹ 7÷3＝

❺ 8÷2＝

❻ 8÷3＝

❼ 8÷4＝

❽ 9÷2＝

❾ 9÷3＝

❿ 9÷4＝

⓫ 9÷5＝

⓬ 10÷2＝

⓭ 10÷3＝

⓮ 10÷4＝

⓯ 10÷5＝

⓰ 11÷2＝

⓱ 11÷3＝

⓲ 11÷4＝

⓳ 11÷5＝

⓴ 11÷6＝

㉑ 12÷3＝

㉒ 12÷4＝

㉓ 12÷5＝

㉔ 12÷6＝

㉕ 12÷7＝

2 計算(けいさん)をしましょう。

〔1もん　2点(てん)〕

❶ 12÷2＝

❷ 12÷3＝

❸ 12÷4＝

❹ 12÷5＝

❺ 12÷6＝

❻ 12÷7＝

❼ 13÷2＝

❽ 13÷3＝

❾ 13÷4＝

❿ 13÷5＝

⓫ 13÷6＝

⓬ 13÷7＝

⓭ 14÷2＝

⓮ 14÷3＝

⓯ 14÷4＝

⓰ 14÷5＝

⓱ 14÷6＝

⓲ 14÷7＝

⓳ 15÷2＝

⓴ 15÷3＝

㉑ 15÷4＝

㉒ 15÷5＝

㉓ 15÷6＝

㉔ 15÷7＝

㉕ 15÷8＝

まちがえたもんだいは，もう一(いち)どやりなおしてみよう。

点

23 あまりのあるわり算(7)

月　日　名前

1 計算をしましょう。〔1もん　2点〕

① 16÷2＝

② 16÷3＝

③ 16÷4＝

④ 16÷5＝

⑤ 16÷6＝

⑥ 16÷7＝

⑦ 16÷8＝

⑧ 16÷9＝

⑨ 17÷2＝

⑩ 17÷3＝

⑪ 17÷4＝

⑫ 17÷5＝

⑬ 17÷6＝

⑭ 17÷7＝

⑮ 17÷8＝

⑯ 17÷9＝

⑰ 18÷2＝

⑱ 18÷3＝

⑲ 18÷4＝

⑳ 18÷5＝

㉑ 18÷6＝

㉒ 18÷7＝

㉓ 18÷8＝

㉔ 18÷9＝

㉕ 19÷2＝

2 計算(けいさん)をしましょう。

〔1もん　2点(てん)〕

❶ $19 \div 3 =$

❷ $19 \div 4 =$

❸ $19 \div 5 =$

❹ $19 \div 6 =$

❺ $19 \div 7 =$

❻ $19 \div 8 =$

❼ $19 \div 9 =$

❽ $20 \div 3 =$

❾ $20 \div 4 =$

❿ $20 \div 5 =$

⓫ $20 \div 6 =$

⓬ $20 \div 7 =$

⓭ $20 \div 8 =$

⓮ $20 \div 9 =$

⓯ $21 \div 3 =$

⓰ $21 \div 4 =$

⓱ $21 \div 5 =$

⓲ $21 \div 6 =$

⓳ $21 \div 7 =$

⓴ $21 \div 8 =$

㉑ $21 \div 9 =$

㉒ $22 \div 3 =$

㉓ $22 \div 4 =$

㉔ $22 \div 5 =$

㉕ $22 \div 6 =$

まちがえたもんだいは，もう一(いち)どやりなおしてみよう。

点

24 あまりのあるわり算(8)

月　日　名前　はじめ　時　分　おわり　時　分

1 計算をしましょう。　〔1もん　2点〕

1. 22÷7＝
2. 22÷8＝
3. 22÷9＝
4. 23÷3＝
5. 23÷4＝
6. 23÷5＝
7. 23÷6＝
8. 23÷7＝
9. 23÷8＝
10. 23÷9＝
11. 24÷3＝
12. 24÷4＝
13. 24÷5＝
14. 24÷6＝
15. 24÷7＝
16. 24÷8＝
17. 24÷9＝
18. 25÷3＝
19. 25÷4＝
20. 25÷5＝
21. 25÷6＝
22. 25÷7＝
23. 25÷8＝
24. 25÷9＝
25. 26÷3＝

2 計算(けいさん)をしましょう。

〔1もん　2点(てん)〕

❶ 26÷4＝

❷ 26÷5＝

❸ 26÷6＝

❹ 26÷7＝

❺ 26÷8＝

❻ 26÷9＝

❼ 27÷3＝

❽ 27÷4＝

❾ 27÷5＝

❿ 27÷6＝

⓫ 27÷7＝

⓬ 27÷8＝

⓭ 27÷9＝

⓮ 28÷3＝

⓯ 28÷4＝

⓰ 28÷5＝

⓱ 28÷6＝

⓲ 28÷7＝

⓳ 28÷8＝

⓴ 28÷9＝

㉑ 29÷3＝

㉒ 29÷4＝

㉓ 29÷5＝

㉔ 29÷6＝

㉕ 29÷7＝

まちがえたもんだいは，もう一(いち)どやりなおしてみよう。

点

25 あまりのあるわり算(9)

月　日　名前　はじめ　時　分　おわり　時　分

1 計算をしましょう。〔1もん　2点〕

❶ 30÷4＝

❷ 30÷5＝

❸ 30÷6＝

❹ 30÷7＝

❺ 30÷8＝

❻ 30÷9＝

❼ 31÷4＝

❽ 31÷5＝

❾ 31÷6＝

❿ 31÷7＝

⓫ 31÷8＝

⓬ 31÷9＝

⓭ 32÷4＝

⓮ 32÷5＝

⓯ 32÷6＝

⓰ 32÷7＝

⓱ 32÷8＝

⓲ 32÷9＝

⓳ 33÷4＝

⓴ 33÷5＝

㉑ 33÷6＝

㉒ 33÷7＝

㉓ 33÷8＝

㉔ 33÷9＝

㉕ 34÷4＝

2 計算(けいさん)をしましょう。　〔1もん　2点(てん)〕

❶ 34÷5＝

❷ 34÷6＝

❸ 34÷7＝

❹ 34÷8＝

❺ 34÷9＝

❻ 35÷4＝

❼ 35÷5＝

❽ 35÷6＝

❾ 35÷7＝

❿ 35÷8＝

⓫ 35÷9＝

⓬ 36÷4＝

⓭ 36÷5＝

⓮ 36÷6＝

⓯ 36÷7＝

⓰ 36÷8＝

⓱ 36÷9＝

⓲ 37÷4＝

⓳ 37÷5＝

⓴ 37÷6＝

㉑ 37÷7＝

㉒ 37÷8＝

㉓ 37÷9＝

㉔ 38÷4＝

㉕ 38÷5＝

まちがえたもんだいは，もう一(いち)どやりなおしてみよう。

点

26 あまりのあるわり算(10)

月　日　名前

1 計算をしましょう。〔1もん　2点〕

❶ 38÷6＝

❷ 38÷7＝

❸ 38÷8＝

❹ 38÷9＝

❺ 39÷4＝

❻ 39÷5＝

❼ 39÷6＝

❽ 39÷7＝

❾ 39÷8＝

❿ 39÷9＝

⓫ 40÷5＝

⓬ 40÷6＝

⓭ 40÷7＝

⓮ 40÷8＝

⓯ 40÷9＝

⓰ 41÷5＝

⓱ 41÷6＝

⓲ 41÷7＝

⓳ 41÷8＝

⓴ 41÷9＝

㉑ 42÷5＝

㉒ 42÷6＝

㉓ 42÷7＝

㉔ 42÷8＝

㉕ 42÷9＝

2 計算(けいさん)をしましょう。

〔1もん　2点(てん)〕

❶ $43 \div 5 =$

❷ $43 \div 6 =$

❸ $43 \div 7 =$

❹ $43 \div 8 =$

❺ $43 \div 9 =$

❻ $44 \div 5 =$

❼ $44 \div 6 =$

❽ $44 \div 7 =$

❾ $44 \div 8 =$

❿ $44 \div 9 =$

⓫ $45 \div 5 =$

⓬ $45 \div 6 =$

⓭ $45 \div 7 =$

⓮ $45 \div 8 =$

⓯ $45 \div 9 =$

⓰ $46 \div 5 =$

⓱ $46 \div 6 =$

⓲ $46 \div 7 =$

⓳ $46 \div 8 =$

⓴ $46 \div 9 =$

㉑ $47 \div 5 =$

㉒ $47 \div 6 =$

㉓ $47 \div 7 =$

㉔ $47 \div 8 =$

㉕ $47 \div 9 =$

まちがえたもんだいは，もう一(いち)どやりなおしてみよう。

点

27 あまりのあるわり算(11)

月　日　名前  はじめ　時　分　おわり　時　分

1 計算をしましょう。　〔1もん　2点〕

① 48÷5＝

② 48÷6＝

③ 48÷7＝

④ 48÷8＝

⑤ 48÷9＝

⑥ 49÷5＝

⑦ 49÷6＝

⑧ 49÷7＝

⑨ 49÷8＝

⑩ 49÷9＝

⑪ 50÷6＝

⑫ 50÷7＝

⑬ 50÷8＝

⑭ 50÷9＝

⑮ 51÷6＝

⑯ 51÷7＝

⑰ 51÷8＝

⑱ 51÷9＝

⑲ 52÷6＝

⑳ 52÷7＝

㉑ 52÷8＝

㉒ 52÷9＝

㉓ 53÷6＝

㉔ 53÷7＝

㉕ 53÷8＝

2 計算(けいさん)をしましょう。 〔1もん 2点(てん)〕

1. $54 \div 6 =$
2. $54 \div 7 =$
3. $54 \div 8 =$
4. $54 \div 9 =$
5. $55 \div 6 =$
6. $55 \div 7 =$
7. $55 \div 8 =$
8. $55 \div 9 =$
9. $56 \div 6 =$
10. $56 \div 7 =$
11. $56 \div 8 =$
12. $56 \div 9 =$
13. $57 \div 6 =$
14. $57 \div 7 =$
15. $57 \div 8 =$
16. $57 \div 9 =$
17. $58 \div 6 =$
18. $58 \div 7 =$
19. $58 \div 8 =$
20. $58 \div 9 =$
21. $59 \div 6 =$
22. $59 \div 7 =$
23. $59 \div 8 =$
24. $59 \div 9 =$
25. $60 \div 9 =$

まちがえたもんだいは，もう一(いち)どやりなおしてみよう。

点

28 あまりのあるわり算(12)

月　日　名前

時　分　おわり　時　分

1 計算をしましょう。　〔1もん　2点〕

① 14÷2＝

② 15÷2＝

③ 16÷2＝

④ 17÷2＝

⑤ 18÷2＝

⑥ 19÷2＝

⑦ 20÷2＝［10］

⑧ 21÷2＝［　］あまり［　］

⑨ 22÷2＝［　］

⑩ 23÷2＝［　］あまり［　］

⑪ 24÷3＝

⑫ 25÷3＝

⑬ 26÷3＝

⑭ 27÷3＝

⑮ 28÷3＝

⑯ 29÷3＝

⑰ 30÷3＝［　］

⑱ 33÷3＝

⑲ 36÷3＝

⑳ 39÷3＝

2 しきを書いて，答えを出しましょう。　〔1もん　4点〕

① 20円を2人で分けると，1人いくらになりますか。

しき　20÷2＝［　］

答え［　］円

② 30円を2人で分けると，1人いくらになりますか。

しき

答え［　］円

③ 30円を3人で分けると，1人いくらになりますか。

しき

答え［　］円

3 計算(けいさん)をしましょう。

〔1もん　2点(てん)〕

❶ 18÷2＝

❷ 20÷2＝

❸ 22÷2＝

❹ 24÷2＝

❺ 26÷2＝

❻ 28÷2＝

❼ 30÷2＝

❽ 30÷3＝

❾ 33÷3＝

❿ 36÷3＝

⓫ 39÷3＝

⓬ 40÷2＝

⓭ 41÷5＝

⓮ 41÷6＝

⓯ 42÷7＝

⓰ 42÷8＝

⓱ 43÷5＝

⓲ 43÷6＝

⓳ 44÷4＝

⓴ 44÷5＝

㉑ 46÷6＝

㉒ 46÷7＝

㉓ 48÷2＝

㉔ 48÷4＝

まちがえたもんだいは，もう一(いち)どやりなおしてみよう。

点

29 あまりのあるわり算(13)

月　日　名前　はじめ　時　分　おわり　時　分

1 計算をしましょう。〔1もん　2点〕

1. 51÷6＝
2. 51÷7＝
3. 52÷6＝
4. 52÷7＝
5. 53÷8＝
6. 53÷9＝
7. 54÷7＝
8. 54÷8＝
9. 55÷9＝
10. 55÷5＝
11. 56÷7＝
12. 57÷6＝
13. 57÷9＝
14. 58÷6＝
15. 58÷7＝
16. 59÷7＝
17. 59÷8＝
18. 60÷6＝
19. 61÷7＝
20. 61÷8＝
21. 61÷9＝
22. 62÷2＝
23. 62÷7＝
24. 62÷8＝
25. 62÷9＝

2 計算(けいさん)をしましょう。

〔1もん　2点(てん)〕

❶ 63÷3＝

❷ 63÷7＝

❸ 63÷8＝

❹ 63÷9＝

❺ 64÷2＝

❻ 64÷7＝

❼ 64÷8＝

❽ 64÷9＝

❾ 66÷3＝

❿ 66÷6＝

⓫ 66÷7＝

⓬ 66÷8＝

⓭ 66÷9＝

⓮ 67÷9＝

⓯ 68÷2＝

⓰ 68÷7＝

⓱ 68÷8＝

⓲ 68÷9＝

⓳ 69÷3＝

⓴ 69÷7＝

㉑ 69÷8＝

㉒ 69÷9＝

㉓ 70÷7＝

㉔ 70÷8＝

㉕ 70÷9＝

まちがえたもんだいは，もう一(いち)どやりなおしてみよう。

点

30 あまりのあるわり算(14)

月　日　名前　はじめ　時　分　おわり　時　分

1 計算をしましょう。〔1もん　2点〕

1. 74÷8＝
2. 74÷9＝
3. 75÷8＝
4. 75÷9＝
5. 76÷8＝
6. 76÷9＝
7. 77÷7＝
8. 77÷8＝
9. 77÷9＝
10. 78÷8＝
11. 78÷9＝
12. 79÷8＝
13. 79÷9＝
14. 80÷2＝
15. 80÷4＝
16. 80÷8＝
17. 80÷9＝
18. 81÷9＝
19. 82÷2＝
20. 83÷9＝
21. 84÷2＝
22. 84÷4＝
23. 84÷9＝
24. 85÷9＝
25. 86÷2＝

2 計算(けいさん)をしましょう。 〔1もん　2点(てん)〕

❶ $86 \div 9 =$

❷ $87 \div 9 =$

❸ $88 \div 2 =$

❹ $88 \div 4 =$

❺ $88 \div 8 =$

❻ $88 \div 9 =$

❼ $89 \div 9 =$

❽ $90 \div 3 =$

❾ $90 \div 9 =$

❿ $93 \div 3 =$

⓫ $96 \div 3 =$

⓬ $99 \div 3 =$

⓭ $99 \div 9 =$

⓮ $34 \div 4 =$

⓯ $39 \div 5 =$

⓰ $41 \div 6 =$

⓱ $46 \div 7 =$

⓲ $53 \div 8 =$

⓳ $64 \div 9 =$

⓴ $66 \div 6 =$

㉑ $67 \div 7 =$

㉒ $73 \div 8 =$

㉓ $76 \div 9 =$

㉔ $80 \div 8 =$

㉕ $85 \div 9 =$

答(こた)えを書(か)きおわったら，見(み)なおしをしよう。
まちがいがなくなるよ。

点

31 何十，何百のわり算

月　日　名前

はじめ  時　分　おわり  時　分

1 計算をしましょう。〔1もん　2点〕

① 60÷2＝30

② 60÷3＝

③ 80÷2＝

④ 80÷4＝

⑤ 90÷3＝

⑥ 100÷5＝

⑦ 120÷3＝

⑧ 120÷6＝

⑨ 140÷2＝

⑩ 140÷7＝

⑪ 150÷3＝

⑫ 150÷5＝

⑬ 160÷2＝

⑭ 160÷4＝

⑮ 160÷8＝

⑯ 180÷2＝

⑰ 180÷3＝

⑱ 180÷9＝

⑲ 200÷4＝

⑳ 200÷5＝

何十，何百のわり算にちょうせんしよう。

2 計算(けいさん)をしましょう。

〔1もん　3点(てん)〕

❶ 210÷3＝

❷ 210÷7＝

❸ 240÷3＝

❹ 240÷8＝

❺ 270÷3＝

❻ 280÷7＝

❼ 300÷6＝

❽ 320÷4＝

❾ 320÷8＝

❿ 350÷5＝

⓫ 360÷4＝

⓬ 360÷6＝

⓭ 400÷8＝

⓮ 420÷6＝

⓯ 480÷6＝

⓰ 490÷7＝

⓱ 540÷9＝

⓲ 560÷7＝

⓳ 630÷9＝

⓴ 720÷8＝

まちがえたもんだいは，もう一(いち)どやりなおしてみよう。

点

32 何百，何千のわり算

月　日　名前

時　分　おわり　時　分

1 計算をしましょう。　〔1もん　2点〕

❶ 600÷2＝300	⓫ 1400÷7＝
❷ 600÷3＝	⓬ 1500÷3＝
❸ 800÷2＝	⓭ 1500÷5＝
❹ 800÷4＝	⓮ 1600÷2＝
❺ 900÷3＝	⓯ 1600÷4＝
❻ 1000÷2＝	⓰ 1600÷8＝
❼ 1000÷5＝	⓱ 1800÷2＝
❽ 1200÷3＝	⓲ 1800÷3＝
❾ 1200÷4＝	⓳ 1800÷6＝
❿ 1400÷2＝	⓴ 1800÷9＝

何百，何千のわり算にちょうせんしよう。

2 計算をしましょう。

〔1もん　3点〕

❶ 2000÷4＝500

❷ 2000÷5＝

❸ 2100÷3＝

❹ 2400÷4＝

❺ 2400÷6＝

❻ 2700÷3＝

❼ 2700÷9＝

❽ 2800÷7＝

❾ 3000÷5＝

❿ 3200÷4＝

⓫ 3500÷7＝

⓬ 3600÷4＝

⓭ 3600÷6＝

⓮ 4000÷8＝

⓯ 4200÷6＝

⓰ 4500÷5＝

⓱ 4800÷8＝

⓲ 5400÷9＝

⓳ 6300÷7＝

⓴ 7200÷8＝

まちがえたもんだいは，もう一どやりなおしてみよう。

点

33 何十でわる計算

月　日	名前	はじめ　時　分	おわり　時　分

1 計算をしましょう。　〔1もん　2点〕

1. 60÷20＝ 3
2. 60÷30＝
3. 80÷20＝ □
4. 80÷30＝ 2 あまり 20
5. 90÷20＝
6. 90÷30＝
7. 100÷20＝
8. 100÷30＝
9. 100÷40＝
10. 120÷40＝
11. 120÷50＝
12. 150÷30＝
13. 150÷40＝
14. 160÷50＝
15. 170÷60＝
16. 180÷30＝
17. 180÷40＝
18. 200÷50＝
19. 200÷60＝
20. 200÷70＝

何十でわるわり算にちょうせんしよう。

2 計算をしましょう。

〔1もん　3点〕

❶ 240÷40＝

❷ 240÷50＝

❸ 280÷70＝

❹ 280÷80＝

❺ 320÷80＝

❻ 320÷90＝

❼ 360÷50＝

❽ 360÷60＝

❾ 400÷70＝

❿ 420÷60＝

⓫ 450÷60＝

⓬ 450÷80＝

⓭ 450÷90＝

⓮ 480÷90＝

⓯ 500÷60＝

⓰ 540÷60＝

⓱ 540÷70＝

⓲ 600÷70＝

⓳ 600÷80＝

⓴ 630÷80＝

まちがえたもんだいは，もう一どやりなおしてみよう。

点

34 何百でわる計算

月　　日	名前	はじめ　　時　　分	おわり　　時　　分

1 計算をしましょう。　〔1もん　2点〕

❶ 600÷200＝	⓫ 1400÷700＝
❷ 600÷300＝	⓬ 1500÷300＝
❸ 600÷100＝	⓭ 1500÷500＝
❹ 800÷200＝	⓮ 1600÷200＝
❺ 800÷400＝	⓯ 1600÷400＝
❻ 1000÷200＝	⓰ 1800÷200＝
❼ 1000÷500＝	⓱ 1800÷600＝
❽ 1200÷300＝	⓲ 1800÷900＝
❾ 1200÷400＝	⓳ 2000÷400＝
❿ 1200÷600＝	⓴ 2000÷500＝

何百でわるわり算にちょうせんしよう。

2 計算(けいさん)をしましょう。 〔1もん　3点(てん)〕

❶ 2100÷300＝

❷ 2400÷300＝

❸ 2400÷400＝

❹ 2700÷300＝

❺ 2800÷700＝

❻ 3000÷500＝

❼ 3200÷400＝

❽ 3200÷800＝

❾ 3500÷700＝

❿ 3600÷400＝

⓫ 3600÷900＝

⓬ 4000÷800＝

⓭ 4200÷700＝

⓮ 4500÷900＝

⓯ 4800÷800＝

⓰ 5400÷600＝

⓱ 5600÷700＝

⓲ 6300÷700＝

⓳ 6400÷800＝

⓴ 7200÷900＝

まちがえたもんだいは，もう一(いち)どやりなおしてみよう。

点

35 しんだんテスト

月　日　名前　　時　分　おわり　時　分

1 つぎの計算をしましょう。 〔1もん　1点〕

❶ 18÷2＝

❷ 14÷7＝

❸ 20÷4＝

❹ 24÷8＝

❺ 21÷3＝

❻ 25÷5＝

❼ 36÷6＝

❽ 32÷4＝

❾ 36÷9＝

❿ 42÷6＝

⓫ 48÷8＝

⓬ 54÷6＝

⓭ 49÷7＝

⓮ 64÷8＝

⓯ 63÷9＝

⓰ 72÷8＝

2 つぎの計算をしましょう。 〔1もん　1点〕

❶ 12÷4＝

❷ 12÷5＝

❸ 24÷6＝

❹ 24÷7＝

❺ 35÷6＝

❻ 35÷7＝

❼ 54÷8＝

❽ 54÷9＝

3 つぎの計算をしましょう。 〔1もん　1点〕

❶ 40÷4＝

❷ 60÷3＝

❸ 55÷5＝

❹ 48÷4＝

❺ 62÷2＝

❻ 96÷3＝

4 つぎの計算(けいさん)をしましょう。 〔1もん 2点(てん)〕

1. $32 \div 5 =$
2. $44 \div 6 =$
3. $17 \div 8 =$
4. $54 \div 7 =$
5. $48 \div 6 =$
6. $64 \div 9 =$
7. $77 \div 8 =$
8. $42 \div 2 =$
9. $25 \div 4 =$
10. $52 \div 6 =$
11. $43 \div 8 =$
12. $36 \div 3 =$
13. $63 \div 7 =$
14. $35 \div 4 =$
15. $80 \div 9 =$
16. $68 \div 2 =$
17. $56 \div 6 =$
18. $27 \div 3 =$
19. $16 \div 7 =$
20. $65 \div 9 =$
21. $28 \div 4 =$
22. $46 \div 5 =$
23. $88 \div 8 =$
24. $70 \div 8 =$
25. $34 \div 6 =$
26. $55 \div 7 =$
27. $42 \div 6 =$
28. $48 \div 5 =$
29. $64 \div 8 =$
30. $78 \div 9 =$
31. $26 \div 3 =$
32. $90 \div 9 =$
33. $62 \div 7 =$
34. $86 \div 9 =$
35. $54 \div 8 =$

答(こた)え合(あ)わせをして点数(てんすう)をつけてから，80ページのアドバイスを読(よ)もう。

点

答え　● 3年生　わり算

1 九九のふくしゅう(1)　P.1・2

1 ①10 ②15 ③20 ④25 ⑤12 ⑥18 ⑦24 ⑧30 ⑨14 ⑩21 ⑪28 ⑫35 ⑬3 ⑭6 ⑮9 ⑯12 ⑰2 ⑱4 ⑲6 ⑳8 ㉑5 ㉒10 ㉓15 ㉔20 ㉕4 ㉖8 ㉗12 ㉘16 ㉙16 ㉚18 ㉛0 ㉜32 ㉝36 ㉞0 ㉟24 ㊱27 ㊲0 ㊳40 ㊴45 ㊵0

2 ①24 ②6 ③40 ④15 ⑤12 ⑥20 ⑦14 ⑧3 ⑨45 ⑩8 ⑪0 ⑫24 ⑬16 ⑭12 ⑮5 ⑯9 ⑰18 ⑱8 ⑲35 ⑳0 ㉑32 ㉒10 ㉓30 ㉔27 ㉕4 ㉖16 ㉗21 ㉘15 ㉙4 ㉚36

2 九九のふくしゅう(2)　P.3・4

1 ①30 ②35 ③40 ④45 ⑤36 ⑥42 ⑦48 ⑧54 ⑨42 ⑩49 ⑪56 ⑫63 ⑬7 ⑭14 ⑮21 ⑯28 ⑰6 ⑱12 ⑲18 ⑳24 ㉑9 ㉒18 ㉓27 ㉔36 ㉕8 ㉖16 ㉗24 ㉘32 ㉙48 ㉚54 ㉛0 ㉜64 ㉝72 ㉞0 ㉟56 ㊱63 ㊲0 ㊳72 ㊴81 ㊵0

2 ①48 ②18 ③72 ④35 ⑤24 ⑥36 ⑦42 ⑧7 ⑨81 ⑩24 ⑪0 ⑫56 ⑬32 ⑭36 ⑮9 ⑯21 ⑰54 ⑱16 ⑲63 ⑳0 ㉑64 ㉒30 ㉓54 ㉔63 ㉕8 ㉖48 ㉗49 ㉘27 ㉙12 ㉚72

3 九九のふくしゅう(3)　P.5・6

1 ①24 ②20 ③16 ④63 ⑤56 ⑥49 ⑦12 ⑧10 ⑨8 ⑩24 ⑪16 ⑫8 ⑬0 ⑭27 ⑮24 ⑯21 ⑰36 ⑱30 ⑲24 ⑳45 ㉑40 ㉒35 ㉓27 ㉔18 ㉕9 ㉖0 ㉗36 ㉘32 ㉙28 ㉚35 ㉛21 ㉜7 ㉝18 ㉞16 ㉟14 ㊱64 ㊲56 ㊳48 ㊴18 ㊵15 ㊶12 ㊷54 ㊸48 ㊹42 ㊺30 ㊻20 ㊼10 ㊽45 ㊾63 ㊿81

2 ①10 ②15 ③56 ④9 ⑤28 ⑥18 ⑦48 ⑧8 ⑨72 ⑩9 ⑪25 ⑫49 ⑬4 ⑭32 ⑮54 ⑯24 ⑰40 ⑱3 ⑲35 ⑳27 ㉑16 ㉒42 ㉓16 ㉔18 ㉕54 ㉖21 ㉗0 ㉘21 ㉙10 ㉚64 ㉛24 ㉜36 ㉝30 ㉞6 ㉟28 ㊱45 ㊲4 ㊳48 ㊴24 ㊵12 ㊶63 ㊷24 ㊸20 ㊹42 ㊺6 ㊻40 ㊼36 ㊽12 ㊾35 ㊿81

4 かけ算のふくしゅう　P.7・8

1 ①3 ②6 ③8 ④6 ⑤3 ⑥1 ⑦1 ⑧0 ⑨0 ⑩0

2 ①2 ②2 ③3 ④3 ⑤0 ⑥0 ⑦0 ⑧0 ⑨4 ⑩4 ⑪5 ⑫5 ⑬0 ⑭0 ⑮0 ⑯0 ⑰6 ⑱6 ⑲0 ⑳0 ㉑7 ㉒0 ㉓9 ㉔0 ㉕8 ㉖0 ㉗1 ㉘0 ㉙0 ㉚0

3 ①18 ②0 ③32 ④42 ⑤0 ⑥32 ⑦27 ⑧7 ⑨45 ⑩63 ⑪3 ⑫12 ⑬0 ⑭10 ⑮48 ⑯4 ⑰12 ⑱35 ⑲0 ⑳81 ㉑0 ㉒56 ㉓12 ㉔9 ㉕36 ㉖14 ㉗0 ㉘45 ㉙56 ㉚0

4 ①3 ②7 ③4 ④7

5 ①20 ②22 ③24 ④50 ⑤80 ⑥99 ⑦20 ⑧22 ⑨60 ⑩77 ⑪90

5 チェックテスト　P.9・10

1

(1) 21	(21) 28	(41) 49
(2) 20	(22) 0	(42) 8
(3) 48	(23) 18	(43) 42
(4) 3	(24) 1	(44) 5
(5) 10	(25) 45	(45) 15
(6) 54	(26) 63	(46) 72
(7) 0	(27) 0	(47) 0
(8) 8	(28) 12	(48) 4
(9) 8	(29) 32	(49) 40
(10) 18	(30) 24	(50) 0
(11) 63	(31) 0	(51) 42
(12) 4	(32) 28	(52) 36
(13) 0	(33) 30	(53) 12
(14) 8	(34) 2	(54) 7
(15) 25	(35) 30	(55) 40
(16) 18	(36) 27	(56) 9
(17) 0	(37) 0	(57) 0
(18) 14	(38) 10	(58) 2
(19) 48	(39) 64	(59) 24
(20) 6	(40) 12	(60) 27

2

(1) 35	(16) 56
(2) 12	(17) 6
(3) 54	(18) 36
(4) 4	(19) 0
(5) 35	(20) 20
(6) 36	(21) 0
(7) 0	(22) 0
(8) 16	(23) 18
(9) 56	(24) 72
(10) 15	(25) 21
(11) 7	(26) 14
(12) 24	(27) 32
(13) 3	(28) 81
(14) 9	(29) 6
(15) 16	(30) 5

3

(1) 80	(4) 55
(2) 48	(5) 90
(3) 33	

アドバイス

● **95点から100点の人**

まちがえたもんだいをやりなおしてから，つぎのページにすすみましょう。

● **80点から94点の人**

ここまでのページを，もう一どおさらいしておきましょう。

● **0 点から79点の人**

『2年生　かけ算(九九)』を，もう一どおさらいしておきましょう。

6 九九のぎゃく　P.11・12

1

(1) 3	(21) 8
(2) 4	(22) 0
(3) 7	(23) 7
(4) 8	(24) 9
(5) 2	(25) 6
(6) 5	(26) 9
(7) 9	(27) 5
(8) 0	(28) 7
(9) 6	(29) 8
(10) 1	(30) 1
(11) 5	(31) 9
(12) 8	(32) 7
(13) 6	(33) 9
(14) 9	(34) 2
(15) 7	(35) 8
(16) 7	(36) 5
(17) 3	(37) 7
(18) 9	(38) 3
(19) 6	(39) 6
(20) 8	(40) 9

2

(1) 2	(16) 9
(2) 3	(17) 6
(3) 9	(18) 3
(4) 7	(19) 9
(5) 3	(20) 7
(6) 4	(21) 7
(7) 8	(22) 4
(8) 6	(23) 8
(9) 4	(24) 5
(10) 2	(25) 8
(11) 7	(26) 2
(12) 3	(27) 5
(13) 5	(28) 9
(14) 2	(29) 1
(15) 8	(30) 4

7 わり算(1)　P.13・14

1

(1) $2 \times 3 = 6$	$6 \div 2 = 3$
(2) $3 \times 4 = 12$	$12 \div 3 = 4$
(3) $2 \times 4 = 8$	$8 \div 2 = 4$
(4) $2 \times 6 = 12$	$12 \div 2 = 6$
(5) $3 \times 5 = 15$	$15 \div 3 = 5$
(6) $3 \times 6 = 18$	$18 \div 3 = 6$
(7) $4 \times 6 = 24$	$24 \div 4 = 6$
(8) $5 \times 5 = 25$	$25 \div 5 = 5$
(9) $6 \times 7 = 42$	$42 \div 6 = 7$
(10) $7 \times 3 = 21$	$21 \div 7 = 3$
(11) $8 \times 6 = 48$	$48 \div 8 = 6$
(12) $9 \times 7 = 63$	$63 \div 9 = 7$

2

①	2×3＝6	6 ÷3＝2
②	3×4＝12	12÷4＝3
③	2×2＝4	4 ÷2＝2
④	5×2＝10	10÷2＝5
⑤	7×3＝21	21÷3＝7
⑥	9×3＝27	27÷3＝9
⑦	4×4＝16	16÷4＝4
⑧	6×5＝30	30÷5＝6
⑨	8×6＝48	48÷6＝8
⑩	5×7＝35	35÷7＝5
⑪	4×8＝32	32÷8＝4
⑫	6×9＝54	54÷9＝6
⑬	8×9＝72	72÷9＝8

8 わり算(2)

P.15・16

1				2			
①	4	⑭	1	①	3	⑭	7
②	6	⑮	8	②	2	⑮	9
③	8	⑯	6	③	7	⑯	4
④	3	⑰	0	④	4	⑰	3
⑤	2	⑱	9	⑤	1	⑱	7
⑥	1	⑲	2	⑥	0	⑲	5
⑦	5	⑳	6	⑦	8	⑳	4
⑧	9	㉑	4	⑧	2	㉑	8
⑨	7	㉒	7	⑨	5	㉒	0
⑩	0	㉓	0	⑩	6	㉓	6
⑪	2	㉔	9	⑪	0	㉔	1
⑫	5	㉕	5	⑫	3	㉕	9
⑬	7			⑬	8		

9 わり算(3)

P.17・18

1				2			
①	4	⑭	5	①	3	⑭	4
②	8	⑮	2	②	8	⑮	2
③	2	⑯	1	③	7	⑯	7
④	1	⑰	8	④	2	⑰	1
⑤	9	⑱	7	⑤	5	⑱	5
⑥	5	⑲	9	⑥	1	⑲	9
⑦	3	⑳	6	⑦	1	⑳	2
⑧	5	㉑	3	⑧	6	㉑	5
⑨	8	㉒	8	⑨	2	㉒	3
⑩	2	㉓	1	⑩	5	㉓	1
⑪	6	㉔	4	⑪	9	㉔	4
⑫	7	㉕	7	⑫	3	㉕	6
⑬	9			⑬	7		

10 わり算(4)

P.19・20

1				2			
①	3	⑭	2	①	5	⑭	4
②	7	⑮	4	②	9	⑮	1
③	2	⑯	7	③	3	⑯	7
④	8	⑰	9	④	5	⑰	3
⑤	4	⑱	5	⑤	8	⑱	9
⑥	5	⑲	2	⑥	3	⑲	2
⑦	2	⑳	1	⑦	5	⑳	6
⑧	5	㉑	6	⑧	9	㉑	2
⑨	3	㉒	3	⑨	3	㉒	9
⑩	8	㉓	9	⑩	2	㉓	2
⑪	1	㉔	4	⑪	5	㉔	5
⑫	6	㉕	8	⑫	8	㉕	7
⑬	5			⑬	9		

11 わり算(5)

P.21・22

1				2			
①	3	⑭	5	①	5	⑭	6
②	3	⑮	5	②	6	⑮	7
③	2	⑯	4	③	7	⑯	6
④	2	⑰	3	④	6	⑰	8
⑤	1	⑱	4	⑤	6	⑱	9
⑥	2	⑲	3	⑥	6	⑲	7
⑦	2	⑳	5	⑦	7	⑳	8
⑧	2	㉑	6	⑧	7	㉑	9
⑨	4	㉒	4	⑨	6	㉒	9
⑩	4	㉓	5	⑩	7	㉓	9
⑪	3	㉔	5	⑪	5	㉔	9
⑫	3	㉕	5	⑫	7	㉕	9
⑬	3			⑬	7		

12 わり算(6)

P.23・24

1				2			
①	4	⑭	6	①	6	⑭	6
②	3	⑮	4	②	9	⑮	7
③	4	⑯	6	③	8	⑯	4
④	8	⑰	5	④	9	⑰	5
⑤	6	⑱	5	⑤	4	⑱	9
⑥	5	⑲	5	⑥	7	⑲	9
⑦	4	⑳	7	⑦	4	⑳	9
⑧	4	㉑	6	⑧	3	㉑	7
⑨	4	㉒	7	⑨	9	㉒	9
⑩	4	㉓	7	⑩	5	㉓	8
⑪	9	㉔	6	⑪	8	㉔	9
⑫	6	㉕	6	⑫	9	㉕	9
⑬	6			⑬	9		

13 わり算(7)

P.25・26

1
①2 ②1 ③2 ④0 ⑤7 ⑥3 ⑦1 ⑧5 ⑨4 ⑩1 ⑪3 ⑫3 ⑬2
⑭1 ⑮7 ⑯0 ⑰4 ⑱1 ⑲4 ⑳2 ㉑1 ㉒6 ㉓1 ㉔0 ㉕8

2
①8 ②1 ③2 ④5 ⑤4 ⑥0 ⑦3 ⑧8 ⑨1 ⑩4 ⑪0 ⑫4 ⑬5
⑭2 ⑮1 ⑯0 ⑰6 ⑱1 ⑲6 ⑳9 ㉑5 ㉒5 ㉓1 ㉔8 ㉕8

14 わり算(8)

P.27・28

1
①4 ②5 ③2 ④4 ⑤6 ⑥6 ⑦3 ⑧4 ⑨7 ⑩9 ⑪3 ⑫3 ⑬5
⑭6 ⑮7 ⑯5 ⑰4 ⑱5 ⑲8 ⑳7 ㉑4 ㉒4 ㉓8 ㉔9 ㉕5

2
①4 ②7 ③4 ④8 ⑤5 ⑥6 ⑦8 ⑧7 ⑨9 ⑩5 ⑪6 ⑫5 ⑬7
⑭6 ⑮9 ⑯8 ⑰8 ⑱6 ⑲7 ⑳9 ㉑8 ㉒8 ㉓7 ㉔9 ㉕9

15 わり算(9)

P.29・30

1
①7 ②4 ③6 ④5 ⑤7 ⑥8 ⑦6 ⑧4 ⑨5 ⑩4 ⑪6 ⑫5 ⑬4
⑭9 ⑮8 ⑯6 ⑰5 ⑱6 ⑲7 ⑳8 ㉑4 ㉒5 ㉓7 ㉔9 ㉕8

2
①4 ②6 ③6 ④3 ⑤7 ⑥8 ⑦7 ⑧6 ⑨5 ⑩7 ⑪4 ⑫5 ⑬3
⑭6 ⑮5 ⑯9 ⑰9 ⑱7 ⑲9 ⑳8 ㉑9 ㉒6 ㉓5 ㉔8 ㉕7

16 わり算(10)

P.31・32

1
①7 ②9 ③5 ④4 ⑤8 ⑥7 ⑦5 ⑧9 ⑨6 ⑩8 ⑪4 ⑫6 ⑬5
⑭4 ⑮6 ⑯5 ⑰7 ⑱7 ⑲9 ⑳7 ㉑9 ㉒6 ㉓8 ㉔8 ㉕9

2
①7 ②7 ③7 ④6 ⑤9 ⑥8 ⑦8 ⑧8 ⑨7 ⑩9 ⑪9 ⑫7 ⑬8
⑭7 ⑮8 ⑯6 ⑰9 ⑱6 ⑲5 ⑳7 ㉑9 ㉒8 ㉓6 ㉔5 ㉕9

17 あまりのあるわり算(1)

P.33・34

1
①3
②3あまり1
③4
④4あまり1
⑤5
⑥5あまり1
⑦6
⑧6あまり1
⑨7
⑩7あまり1
⑪8
⑫3
⑬3あまり1
⑭4
⑮4あまり1
⑯5
⑰5あまり1
⑱6
⑲6あまり1
⑳7
㉑7あまり1
㉒8
㉓8あまり1
㉔9
㉕9あまり1

2
①2
②2あまり1
③2あまり2
④3
⑤3あまり1
⑥3あまり2
⑦4
⑧4あまり1
⑨4あまり2
⑩5
⑪5あまり1
⑫5あまり2
⑬6
⑭6あまり1
⑮6あまり2
⑯7
⑰7あまり1
⑱7あまり2
⑲8
⑳8あまり1
㉑8あまり2
㉒9
㉓9あまり1
㉔9あまり2
㉕4あまり1

18 あまりのあるわり算(2)

P.35・36

1
①3　②3あまり1　③4　④4あまり1　⑤5　⑥2　⑦2あまり1　⑧2あまり2　⑨3　⑩3あまり1　⑪6　⑫6あまり1　⑬7
⑭7あまり1　⑮8　⑯4　⑰4あまり1　⑱4あまり2　⑲5　⑳5あまり1　㉑6　㉒6あまり1　㉓6あまり2　㉔7　㉕7あまり1

2
①2　②2あまり1　③2あまり2　④2あまり3　⑤3　⑥3あまり1　⑦3あまり2　⑧3あまり3　⑨4　⑩4あまり1　⑪4あまり2　⑫4あまり3　⑬5
⑭5あまり1　⑮5あまり2　⑯5あまり3　⑰6　⑱6あまり1　⑲6あまり3　⑳7　㉑7あまり2　㉒8あまり1　㉓9　㉔9あまり2　㉕9あまり3

19 あまりのあるわり算(3)

P.37・38

1
①2　②2あまり1　③2あまり2　④2あまり3　⑤2あまり4　⑥3　⑦3あまり1　⑧3あまり2　⑨3あまり3　⑩3あまり4　⑪4　⑫4あまり1　⑬4あまり2
⑭4あまり3　⑮5　⑯5あまり2　⑰5あまり4　⑱6　⑲6あまり3　⑳7あまり1　㉑7あまり4　㉒8あまり2　㉓9　㉔9あまり2　㉕9あまり4

2
①4　②4あまり1　③4あまり2　④4あまり3　⑤5　⑥3　⑦3あまり1　⑧3あまり2　⑨3あまり3　⑩3あまり4　⑪4　⑫4あまり1　⑬4あまり2
⑭4あまり3　⑮4あまり4　⑯7　⑰7あまり1　⑱7あまり2　⑲7あまり3　⑳8　㉑5　㉒5あまり1　㉓5あまり2　㉔5あまり3　㉕5あまり4

20 あまりのあるわり算(4)

P.39・40

1
①2　②3あまり1　③5　④6あまり1　⑤8　⑥9あまり1　⑦2　⑧3あまり1　⑨4あまり2　⑩6　⑪7あまり1　⑫8あまり2　⑬2
⑭3あまり1　⑮4あまり2　⑯5あまり3　⑰7　⑱8あまり1　⑲9あまり2　⑳2　㉑3あまり1　㉒4あまり2　㉓5あまり3　㉔6あまり4　㉕8

2
①2あまり1　②4　③5あまり1　④7　⑤8あまり1　⑥9あまり1　⑦2あまり2　⑧4　⑨5あまり1　⑩6あまり2　⑪8　⑫9あまり1　⑬2あまり1
⑭3あまり2　⑮4あまり3　⑯6　⑰7あまり1　⑱8あまり2　⑲2あまり2　⑳3あまり3　㉑4あまり4　㉒6　㉓7あまり1　㉔8あまり2　㉕9あまり3

21 あまりのあるわり算(5) P.41・42

1
①3 ②3あまり1 ③4 ④4あまり1 ⑤5 ⑥3あまり2 ⑦4 ⑧4あまり1 ⑨4あまり2 ⑩5 ⑪4 ⑫4あまり1 ⑬4あまり2
⑭4あまり3 ⑮5 ⑯4あまり1 ⑰4あまり2 ⑱4あまり3 ⑲4あまり4 ⑳5 ㉑4あまり2 ㉒4あまり3 ㉓4あまり4 ㉔4あまり5 ㉕5

2
①5あまり1 ②6 ③6あまり1 ④4あまり2 ⑤5 ⑥5あまり1 ⑦4あまり1 ⑧4あまり2 ⑨3あまり4 ⑩4 ⑪3あまり3 ⑫3あまり4 ⑬3あまり5
⑭5あまり1 ⑮5あまり2 ⑯5あまり3 ⑰4あまり4 ⑱5 ⑲5あまり1 ⑳4あまり3 ㉑4あまり4 ㉒4あまり1 ㉓4あまり2 ㉔4あまり3 ㉕4あまり4

22 あまりのあるわり算(6) P.43・44

1
①3 ②2 ③3あまり1 ④2あまり1 ⑤4 ⑥2あまり2 ⑦2 ⑧4あまり1 ⑨3 ⑩2あまり1 ⑪1あまり4 ⑫5 ⑬3あまり1
⑭2あまり2 ⑮2 ⑯5あまり1 ⑰3あまり2 ⑱2あまり3 ⑲2あまり1 ⑳1あまり5 ㉑4 ㉒3 ㉓2あまり2 ㉔2 ㉕1あまり5

2
①6 ②4 ③3 ④2あまり2 ⑤2 ⑥1あまり5 ⑦6あまり1 ⑧4あまり1 ⑨3あまり1 ⑩2あまり3 ⑪2あまり1 ⑫1あまり6 ⑬7
⑭4あまり2 ⑮3あまり2 ⑯2あまり4 ⑰2あまり2 ⑱2 ⑲7あまり1 ⑳5 ㉑3あまり3 ㉒3 ㉓2あまり3 ㉔2あまり1 ㉕1あまり7

23 あまりのあるわり算(7) P.45・46

1
①8 ②5あまり1 ③4 ④3あまり1 ⑤2あまり4 ⑥2あまり2 ⑦2 ⑧1あまり7 ⑨8あまり1 ⑩5あまり2 ⑪4あまり1 ⑫3あまり2 ⑬2あまり5
⑭2あまり3 ⑮2あまり1 ⑯1あまり8 ⑰9 ⑱6 ⑲4あまり2 ⑳3あまり3 ㉑3 ㉒2あまり4 ㉓2あまり2 ㉔2 ㉕9あまり1

2
①6あまり1 ②4あまり3 ③3あまり4 ④3あまり1 ⑤2あまり5 ⑥2あまり3 ⑦2あまり1 ⑧6あまり2 ⑨5 ⑩4 ⑪3あまり2 ⑫2あまり6 ⑬2あまり4
⑭2あまり2 ⑮7 ⑯5あまり1 ⑰4あまり1 ⑱3あまり3 ⑲3 ⑳2あまり5 ㉑2あまり3 ㉒7あまり1 ㉓5あまり2 ㉔4あまり2 ㉕3あまり4

24 あまりのあるわり算(8) P.47・48

1
❶ 3あまり1
❷ 2あまり6
❸ 2あまり4
❹ 7あまり2
❺ 5あまり3
❻ 4あまり3
❼ 3あまり5
❽ 3あまり2
❾ 2あまり7
❿ 2あまり5
⓫ 8
⓬ 6
⓭ 4あまり4
⓮ 4
⓯ 3あまり3
⓰ 3
⓱ 2あまり6
⓲ 8あまり1
⓳ 6あまり1
⓴ 5
㉑ 4あまり1
㉒ 3あまり4
㉓ 3あまり1
㉔ 2あまり7
㉕ 8あまり2

2
❶ 6あまり2
❷ 5あまり1
❸ 4あまり2
❹ 3あまり5
❺ 3あまり2
❻ 2あまり8
❼ 9
❽ 6あまり3
❾ 5あまり2
❿ 4あまり3
⓫ 3あまり6
⓬ 3あまり3
⓭ 3
⓮ 9あまり1
⓯ 7
⓰ 5あまり3
⓱ 4あまり4
⓲ 4
⓳ 3あまり4
⓴ 3あまり1
㉑ 9あまり2
㉒ 7あまり1
㉓ 5あまり4
㉔ 4あまり5
㉕ 4あまり1

25 あまりのあるわり算(9) P.49・50

1
❶ 7あまり2
❷ 6
❸ 5
❹ 4あまり2
❺ 3あまり6
❻ 3あまり3
❼ 7あまり3
❽ 6あまり1
❾ 5あまり1
❿ 4あまり3
⓫ 3あまり7
⓬ 3あまり4
⓭ 8
⓮ 6あまり2
⓯ 5あまり2
⓰ 4あまり4
⓱ 4
⓲ 3あまり5
⓳ 8あまり1
⓴ 6あまり3
㉑ 5あまり3
㉒ 4あまり5
㉓ 4あまり1
㉔ 3あまり6
㉕ 8あまり2

2
❶ 6あまり4
❷ 5あまり4
❸ 4あまり6
❹ 4あまり2
❺ 3あまり7
❻ 8あまり3
❼ 7
❽ 5あまり5
❾ 5
❿ 4あまり3
⓫ 3あまり8
⓬ 9
⓭ 7あまり1
⓮ 6
⓯ 5あまり1
⓰ 4あまり4
⓱ 4
⓲ 9あまり1
⓳ 7あまり2
⓴ 6あまり1
㉑ 5あまり2
㉒ 4あまり5
㉓ 4あまり1
㉔ 9あまり2
㉕ 7あまり3

26 あまりのあるわり算(10) P.51・52

1
❶ 6あまり2
❷ 5あまり3
❸ 4あまり6
❹ 4あまり2
❺ 9あまり3
❻ 7あまり4
❼ 6あまり3
❽ 5あまり4
❾ 4あまり7
❿ 4あまり3
⓫ 8
⓬ 6あまり4
⓭ 5あまり5
⓮ 5
⓯ 4あまり4
⓰ 8あまり1
⓱ 6あまり5
⓲ 5あまり6
⓳ 5あまり1
⓴ 4あまり5
㉑ 8あまり2
㉒ 7
㉓ 6
㉔ 5あまり2
㉕ 4あまり6

2
❶ 8あまり3
❷ 7あまり1
❸ 6あまり1
❹ 5あまり3
❺ 4あまり7
❻ 8あまり4
❼ 7あまり2
❽ 6あまり2
❾ 5あまり4
❿ 4あまり8
⓫ 9
⓬ 7あまり3
⓭ 6あまり3
⓮ 5あまり5
⓯ 5
⓰ 9あまり1
⓱ 7あまり4
⓲ 6あまり4
⓳ 5あまり6
⓴ 5あまり1
㉑ 9あまり2
㉒ 7あまり5
㉓ 6あまり5
㉔ 5あまり7
㉕ 5あまり2

27 あまりのあるわり算(11) P.53・54

1
①9あまり3
②8
③6あまり6
④6
⑤5あまり3
⑥9あまり4
⑦8あまり1
⑧7
⑨6あまり1
⑩5あまり4
⑪8あまり2
⑫7あまり1
⑬6あまり2
⑭5あまり5
⑮8あまり3
⑯7あまり2
⑰6あまり3
⑱5あまり6
⑲8あまり4
⑳7あまり3
㉑6あまり4
㉒5あまり7
㉓8あまり5
㉔7あまり4
㉕6あまり5

2
①9
②7あまり5
③6あまり6
④6
⑤9あまり1
⑥7あまり6
⑦6あまり7
⑧6あまり1
⑨9あまり2
⑩8
⑪7
⑫6あまり2
⑬9あまり3
⑭8あまり1
⑮7あまり1
⑯6あまり3
⑰9あまり4
⑱8あまり2
⑲7あまり2
⑳6あまり4
㉑9あまり5
㉒8あまり3
㉓7あまり3
㉔6あまり5
㉕6あまり6

28 あまりのあるわり算(12) P.55・56

1
①7
②7あまり1
③8
④8あまり1
⑤9
⑥9あまり1
⑦10
⑧10あまり1
⑨11
⑩11あまり1
⑪8
⑫8あまり1
⑬8あまり2
⑭9
⑮9あまり1
⑯9あまり2
⑰10
⑱11
⑲12
⑳13

2
① しき 20÷2＝10　答え 10円
② しき 30÷2＝15　答え 15円
③ しき 30÷3＝10　答え 10円

3
①9
②10
③11
④12
⑤13
⑥14
⑦15
⑧10
⑨11
⑩12
⑪13
⑫20
⑬8あまり1
⑭6あまり5
⑮6
⑯5あまり2
⑰8あまり3
⑱7あまり1
⑲11
⑳8あまり4
㉑7あまり4
㉒6あまり4
㉓24
㉔12

29 あまりのあるわり算(13) P.57・58

1
①8あまり3
②7あまり2
③8あまり4
④7あまり3
⑤6あまり5
⑥5あまり8
⑦7あまり5
⑧6あまり6
⑨6あまり1
⑩11
⑪8
⑫9あまり3
⑬6あまり3
⑭9あまり4
⑮8あまり2
⑯8あまり3
⑰7あまり3
⑱10
⑲8あまり5
⑳7あまり5
㉑6あまり7
㉒31
㉓8あまり6
㉔7あまり6
㉕6あまり8

2
①21
②9
③7あまり7
④7
⑤32
⑥9あまり1
⑦8
⑧7あまり1
⑨22
⑩11
⑪9あまり3
⑫8あまり2
⑬7あまり3
⑭7あまり4
⑮34
⑯9あまり5
⑰8あまり4
⑱7あまり5
⑲23
⑳9あまり6
㉑8あまり5
㉒7あまり6
㉓10
㉔8あまり6
㉕7あまり7

30 あまりのあるわり算(14) P.59・60

1
①9あまり2
②8あまり2
③9あまり3
④8あまり3
⑤9あまり4
⑥8あまり4
⑦11
⑧9あまり5
⑨8あまり5
⑩9あまり6
⑪8あまり6
⑫9あまり7
⑬8あまり7
⑭40
⑮20
⑯10
⑰8あまり8
⑱9
⑲41
⑳9あまり2
㉑42
㉒21
㉓9あまり3
㉔9あまり4
㉕43

2
①9あまり5
②9あまり6
③44
④22
⑤11
⑥9あまり7
⑦9あまり8
⑧30
⑨10
⑩31
⑪32
⑫33
⑬11
⑭8あまり2
⑮7あまり4
⑯6あまり5
⑰6あまり4
⑱6あまり5
⑲7あまり1
⑳11
㉑9あまり4
㉒9あまり1
㉓8あまり4
㉔10
㉕9あまり4

31 何十，何百のわり算 P.61・62

1
①30
②20
③40
④20
⑤30
⑥20
⑦40
⑧20
⑨70
⑩20
⑪50
⑫30
⑬80
⑭40
⑮20
⑯90
⑰60
⑱20
⑲50
⑳40

2
①70
②30
③80
④30
⑤90
⑥40
⑦50
⑧80
⑨40
⑩70
⑪90
⑫60
⑬50
⑭70
⑮80
⑯70
⑰60
⑱80
⑲70
⑳90

32 何百，何千のわり算 P.63・64

1
①300
②200
③400
④200
⑤300
⑥500
⑦200
⑧400
⑨300
⑩700
⑪200
⑫500
⑬300
⑭800
⑮400
⑯200
⑰900
⑱600
⑲300
⑳200

2
①500
②400
③700
④600
⑤400
⑥900
⑦300
⑧400
⑨600
⑩800
⑪500
⑫900
⑬600
⑭500
⑮700
⑯900
⑰600
⑱600
⑲900
⑳900

33 何十でわる計算 P.65・66

1
❶3
❷2
❸4
❹2あまり20
❺4あまり10
❻3
❼5
❽3あまり10
❾2あまり20
❿3
⓫2あまり20
⓬5
⓭3あまり30
⓮3あまり10
⓯2あまり50
⓰6
⓱4あまり20
⓲4
⓳3あまり20
⓴2あまり60

2
❶6
❷4あまり40
❸4
❹3あまり40
❺4
❻3あまり50
❼7あまり10
❽6
❾5あまり50
❿7
⓫7あまり30
⓬5あまり50
⓭5
⓮5あまり30
⓯8あまり20
⓰9
⓱7あまり50
⓲8あまり40
⓳7あまり40
⓴7あまり70

34 何百でわる計算 P.67・68

1
❶3
❷2
❸6
❹4
❺2
❻5
❼2
❽4
❾3
❿2
⓫2
⓬5
⓭3
⓮8
⓯4
⓰9
⓱3
⓲2
⓳5
⓴4

2
❶7
❷8
❸6
❹9
❺4
❻6
❼8
❽4
❾5
❿9
⓫4
⓬5
⓭6
⓮5
⓯6
⓰9
⓱8
⓲9
⓳8
⓴8

35 しんだんテスト P.69・70

1
❶9
❷2
❸5
❹3
❺7
❻5
❼6
❽8
❾4
❿7
⓫6
⓬9
⓭7
⓮8
⓯7
⓰9

2
❶3
❷2あまり2
❸4
❹3あまり3
❺5あまり5
❻5
❼6あまり6
❽6

3
❶10
❷20
❸11
❹12
❺31
❻32

4
❶6あまり2
❷7あまり2
❸2あまり1
❹7あまり5
❺8
❻7あまり1
❼9あまり5
❽21
❾6あまり1
❿8あまり4
⓫5あまり3
⓬12
⓭9
⓮8あまり3
⓯8あまり8
⓰34
⓱9あまり2
⓲9
⓳2あまり2
⓴7あまり2
㉑7
㉒9あまり1
㉓11
㉔8あまり6
㉕5あまり4
㉖7あまり6
㉗7
㉘9あまり3
㉙8
㉚8あまり6
㉛8あまり2
㉜10
㉝8あまり6
㉞9あまり5
㉟6あまり6

アドバイス

1でまちがえた人は，「わり算」から，もう一どふくしゅうしましょう。

2，3，4でまちがえた人は，「あまりのあるわり算」から，もう一どふくしゅうしましょう。